AF803755

DELIUS KLASING

PORSCHE

Thomas Ammann, Frank Jung
Unter Mitarbeit von Simon Braker

Mit Fotos von Thorsten Doerk

Porsche 356 Nº 5006 lebt

Der Start von Porsche in Deutschland

Delius Klasing Verlag

OFFENBURG
PORSCHE
Lechler's
Durapon-Lackierung
STUTTGARTER KAROSSERIEWERK
Reutter u.Co.
STUTTGART-W
AUGUSTENSTR. 82

WILLY VOGEL
PORSCHE

PORSCHE
AW 21-0459
48
STUTTGARTER KAROSSERIEWERK
Reutter u. Co.
STUTTGART-W
AUGUSTENSTR. 82

PORSCHE
AW 21-0459
48

DIE QUINTESSENZ

Ein echter Prototyp: der älteste noch existierende Porsche »made in Germany« und zugleich die Verkörperung unseres Museumskonzepts

Diese Geschichte ist einmalig und emotional. Sie handelt nicht allein von der Entdeckung, Rettung und Wiederauferstehung eines einmaligen Autos, sondern führt uns zurück zu den Anfängen der Marke Porsche und zu unseren eigenen Anfängen als Sammler und Museumsgründer.

Anfang der 1990er-Jahre restaurierten wir gemeinsam als Freunde unseren ersten Porsche 356. Zehn Jahre später waren wir Studenten, die entgegen dem Trend nach frühen Porsche 356-Modellen suchten. Andere interessierten sich eher für die höher motorisierten, späteren Varianten. Doch uns hatten es die »Split Windows« – die »Geteiltscheiben« – angetan, da sie in unseren Augen die Urform des Porsche darstellen. Akribisch begaben wir uns auf die Suche und bauten uns ein europäisches Split-Window-Register auf. Zeitweise standen um die zehn frühe Porsche-Wagen in unserer Garage, die wir rund um den Globus aufgetan hatten – einen davon in Australien!

Immer kleiner wurden die vierstelligen Zahlenkombinationen, die uns der magischen 5000er-Marke näher brachten: dem Beginn der deutschen Porsche-Produktion 1950, die damals mit der Zahl 5002 startete. Ein wahrer Meilenstein bei unserer Suche und in unserer eigenen Biografie war ein in tiefstem Nitro-Schwarz lackierter 356 mit der Chassisnummer 5047. Es war unser erster vollrestauriert gekaufter Porsche und zugleich der damals älteste noch existierende Porsche aus deutscher Produktion, von dem man weltweit wusste. Im August 1950 verkaufte der VW- und Porsche-Händler Eduard Winter in Westberlin diesen Wagen als seinen ersten Porsche 356 an einen Saatgut-Händler, der den Wagen 13 Jahre lang

5006 und seine Geschichte zu bewahren und in unserem Museum einer breiten Öffentlichkeit zugänglich zu machen, stellt für uns ein unbeschreibliches Glück dar.

fuhr. Dann erwarb ein in Berlin lebender amerikanischer Schriftsteller den Wagen und nahm ihn schließlich mit in die USA. Von dort aus gelangte er in den 1990ern nach Italien und wurde aufwendig restauriert. Von 2003 an war dieser Wagen das Highlight unserer Sammlung. Äußerlich ähnelte 5047 mit seinem schwarzen Nitrozelluloselack und den dezent akzentuierenden Chromteilen sehr dem 1950er Porsche 356 »Ferdinand« (Chassis 5056), der schon immer ein Prunkstück des Porsche Museums in Stuttgart war. Doch unser Wagen war nun einmal um einige Nummern älter.

So war es 5047 und sein besonderer historischer Wert, der uns erst darüber nachdenken ließ, unsere Sammlung zu einem Museum weiterzuentwickeln, in dem nicht nur die Wagen selbst zur Geltung kommen, sondern auch diejenigen Menschen gewürdigt werden, die diese Wagen gebaut und gefahren haben. Das Motto »Personen.Kraft.Wagen.« sollte dieser Verbindung von Mensch und Maschine Rechnung tragen. 2008 eröffneten wir das Automuseum PROTOTYP in der Hamburger HafenCity. Der besondere Schwerpunkt: frühe Porsche-Konstruktionen.

Ohne 5047 würde es die in diesem Buch festgehaltene Geschichte um den Wagen mit der Chassisnummer 5006 gar nicht geben. Denn als das Telefon Anfang 2013 bei uns klingelte, eröffnete der Anrufer das Gespräch mit der Frage: »Sie haben doch den ältesten Porsche 356 aus deutscher Produktion, oder?«

Mit 5006 begann für uns eine ganz neue Dimension bei der Suche nach der Urform der Porsche-Wagen. Mit diesem Wagen haben wir nun einen der allerersten Porsche, die bei Reutter noch komplett in Handarbeit – quasi als Prototypen – gebaut wurden und noch mit überdurchschnittlich vielen VW-Teilen entstanden sind. Es liegt nahe, dass dieser Wagen als zweiter Porsche überhaupt direkt nach dem Reutter-Musterwagen, Nummer 5002 mit dem Beinamen »Windhund«, fertiggestellt worden war, da die erste Automobilmesse in Reutlingen vom 12. bis 21. Mai 1950 anstand und 5006 als Showcar auf dem VW-Messestand des Autohauses Max Moritz glänzen sollte. Der erste an einen Privatkunden gehende Wagen, Chassis 5005, wurde am 26. Mai an Dr. Ottomar Domnick im Porsche-Werk persönlich übergeben.

5006 und seine Geschichte zu bewahren und in unserem Museum einer breiten Öffentlichkeit zugänglich zu machen, stellt für uns ein unbeschreibliches Glück dar – ein wahres Highlight in unserer Sammlerbiografie wie auch in unserem Museum, wo 5006 nun zusammen mit dem noch bei Porsche und Reutter gebauten Vorserien-Volkswagen VW39 von 1939, dem wiederaufgebauten VW Typ 60 K10/Porsche Typ 64 »Berlin-Rom-Wagen« Nr. 2 von 1939 sowie dem 1949er Porsche 356/2-021 Gmünd-Coupé den Ursprung der Porsche-Historie als auch die Quintessenz des Porsche-Designs erlebbar macht.

Dieses einmalige und emotionale Projekt wäre ohne die Unterstützung und Leidenschaft vieler Menschen nicht möglich gewesen. Unser besonderer Dank gilt Frank Jung für seine tatkräftige Unterstützung bei den Recherchen zur Fahrzeughistorie wie auch zu den Anfängen der Stuttgarter Produktion bei Porsche und dem Karosseriewerk Reutter sowie Thomas Ammann für die literarische Aufarbeitung des Restaurierungsprojekts. Des Weiteren danken wir dem Porsche Archiv für die gute und enge Zusammenarbeit sowie dem Delius Klasing Verlag für die Realisierung dieses Buchprojektes bei einer doch aufwendigeren und zeitintensiveren Restaurierung als anfänglich gedacht. Was lange währt, wird endlich gut.

Thomas König und Oliver Schmidt

Inhalt

Liebe auf den ersten Blick
Die Entdeckung von Nummer 5006

Wir sind im Januar 2013 – knapp 63 Jahre, nachdem in Stuttgart-Zuffenhausen die allerersten Porsche 356 in Handarbeit fertiggestellt wurden, darunter auch der Wagen mit der Fahrgestellnummer 5006. Im Hamburger Automuseum PROTOTYP geht ein Anruf ein. Und damit beginnt die Geschichte einer Rettung in letzter Minute, die so dramatisch ist, dass sie sich fürs große Kino eignet. Sie ist großes Kino, die Geschichte der Rettung von 5006 ...

Man kennt das aus dem Actionfilm: Wenn dramatische Musik eine nahende Gefahr ankündigt, die Kameraperspektiven in immer rascherer Folge wechseln, die Handlung in atemraubendem Tempo auf eine schier ausweglose Situation zutreibt – dann hilft nur noch die *last minute rescue*, Rettung in letzter Minute. Die letzte Chance, alles noch zum Guten zu wenden. Dass sich ausgerechnet für Thomas König und Oliver Schmidt, die Gründer des Hamburger Automuseums PROTOTYP, die Chance bietet, einen der automobilen Schätze des 20. Jahrhunderts zu retten, haben sie zunächst gar nicht so recht realisiert. »Es ist kaum zu glauben«, sagt Thomas König heute, »deshalb haben wir es anfangs selbst kaum geglaubt, wie wir auf diesen Wagen aufmerksam wurden.«

Im Januar 2013 meldet sich also ein Anrufer bei König und Schmidt. Er nennt keinen Namen, erkundigt sich zuerst, ob es stimme, dass im Automuseum PROTOTYP der älteste, bislang bekannte Porsche 356 aus Stuttgarter Produktion zu sehen sei. Gemeint ist ein sogenanntes Geteiltscheiben-Coupé – die Bezeichnung stammt von der charakteristischen, in zwei Hälften geteilten Frontscheibe –, zu der Zeit eines der Highlights im Automuseum Prototyp. Der schwarze Wagen trägt die Fahrgestellnummer 5047, was auf ein frühes Produktionsdatum im Mai 1950 hinweist. »Wir hatten im Rahmen unserer eigenen Forschungsarbeiten ein Geteiltscheiben-/Split-Window-Register geführt und waren felsenfest davon überzeugt, dass wir mit der Nummer 5047 bereits das älteste überlebende Fahrzeug aus Stuttgarter Produktion besitzen«, erzählt Thomas König.

Die subjektiv wahrheitsgemäße Antwort auf die Frage des Anrufers lautet also »ja«. Daraufhin kommt der Mann zur Sache, wie sich Oliver Schmidt erinnert: »Er meinte nur: ›Seien Sie mal ein bisschen überrascht. Ich habe etwas Älteres.‹

Rettung in letzter Minute: Die Nummer 5006 wird in der Nähe von Bremen geborgen.

Dieses Mal scheinen die Umstände besonders dubios. Ein Anrufer gibt sich nicht richtig zu erkennen.

Stilecht: Auch der Kranwagen musste ein Oldtimer sein.

Da ist man zunächst sehr skeptisch, aber das Interesse war absolut geweckt.« Anrufe der Art »ich habe den ältesten Porsche der Welt gefunden« gab es häufiger im Automuseum PROTOTYP, erzählt Thomas König. »Jeder in der Szene wusste, dass wir genau danach suchten, deshalb landeten solche Angebote immer wieder bei uns.«

Aber dieses Mal scheinen die Umstände besonders dubios. Ein Anrufer, der sich nicht richtig zu erkennen gibt und auch sehr zögerlich mit Informationen über die vermeintliche Sensation umgeht. »Die genaue Fahrgestellnummer wollte er erst gar nicht nennen«, erinnert sich Thomas König, »er erklärte nur, es sei ein ganz frühes Exemplar, deutlich unter den ersten Zehn.« Die naheliegende Frage nach Fotos wird erstmal abschlägig beschieden. »Wir sollten zuerst eine Art Vorvertrag unterschreiben, dass wir das Auto, wenn wir es sehen und handelseinig werden, auf jeden Fall übernehmen. Es war alles ein bisschen skurril.« Fazit: »Wir haben es nicht wirklich ernst genommen«, so Thomas König heute.

Das ändert sich erst, als sich ein »deutlich ernster zu nehmender Freund«, nämlich Frank Jung (der Co-Autor dieses Buches, Red.) meldet und ebenfalls von einer Kontaktaufnahme berichtet. Im Gegensatz zu König und Schmidt hat er bereits ein Foto von dem Wagen gesehen und meint, die Sache sei es definitiv wert, weiterverfolgt zu werden. Jung hat bereits vor seiner Zeit als Leiter des Unternehmensarchivs bei Porsche über die Anfänge bei Porsche und dem Karosseriewerk Reutter geforscht und unter anderem das Standardwerk »Porsche 356 made by Reutter« verfasst. Das Automuseum PROTOTYP wiederum ist dem Porsche Museum in Stuttgart als Kooperationsmuseum verbunden. Die PROTOTYP-Gründer haben im Lauf mehrerer Jahrzehnte eine umfassende Sammlung mit dem Schwerpunkt auf frühe Porsche-Konstruktionen zusammengetragen und pflegen einen regen Austausch mit den Kolleginnen und Kollegen in Zuffenhausen, »speziell bei den Themen über die frühen 1950er-Jahre, die uns besonders interessieren«, wie Oliver Schmidt erklärt (s. auch Interview Seite 208).

Die Sache wird also plötzlich doch ernst genommen, man bleibt in Kontakt mit dem Anonymous, und so treffen einige Wochen nach dem ominösen ersten Anruf die ersten Fotos in Hamburg ein. Gleich das erste zeigt den Frontbereich des Fahrzeugs mit der eingeschlagenen Fahrgestellnummer. »Als das Foto kam, war

Unterstützung: Ein untergeschobenes Holzgerüst sollte verhindern, dass die marode Karosserie bei der Bergung durchbricht.

ich dann doch ein bisschen aufgeregt«, erzählt Oliver Schmidt. »Man sah ein bisschen angerostetes Blech und erkannte schemenhaft vier eingeschlagene Nummern.« Die Vergrößerung am Bildschirm bringt erste Gewissheit. Es sind tatsächlich Schlagzahlen – und sie zeigen die Nummer 5006. Das Zeichen für den ältesten bekannten noch existierenden Porsche aus Stuttgarter Produktion.

»Auf den Fotos konnte man sehen, dass zumindest nichts geschönt war«, erklärt Thomas König. »Es war ein wirklich heruntergekommenes Auto, das offensichtlich seit vielen Jahren irgendwo im Außenbereich stand. Allein durch die Rostspuren war zu erkennen, dass da nicht jemand versucht hat, etwas zu modifizieren, geschweige denn eine Fahrgestellnummer einzuschlagen. Diese Rostspuren waren schon ein starkes Indiz dafür, dass der Wagen echt war.«

Die mithilfe des Porsche Archivs und interner Spezialisten durchgeführten Recherchen ergeben, dass hier mit der Nummer 5006 tatsächlich einer der ersten sieben bis Ende Mai 1950 in Stuttgart gebauten Porsche-Sportwagen angeboten wird. »Damit wurde natürlich sofort unsere Schatzsucherseele angesprochen«, erzählt Oliver Schmidt. »Wo steht der Wagen? Können wir uns da treffen? Andererseits darf man nicht zu viel Interesse bekunden, das treibt den Preis nach oben.«

Wie sich herausstellt, handelt es sich beim Anrufer gar nicht um den Besitzer des Wagens, sondern um einen Vermittler. König und Schmidt vereinbaren mit ihm ein erstes Treffen auf einem Rastplatz an der Autobahn A1 zwischen Hamburg und Bremen. »Schon die Fahrt dorthin hatte etwas Surreales«, meint Thomas König rückblickend, »wir fühlten uns wie bei Versteckte Kamera. Erlaubt sich hier jemand mit uns einen Scherz?« Früher sei man schon mal bis nach Australien gereist, um einen Wagen aus der Geteiltscheiben-Serie zu inspizieren, und »jetzt wartete die Sensation witzigerweise vor unserer Haustür«.

Aber zuerst wird über die Modalitäten verhandelt. König: »Ich glaube, er wollte uns einfach mal kennenlernen.« Noch vor der Besichtigung des mysteriösen Objekts wird auf der Raststätte ein handschriftlich verfasster Kaufvertrag aufgesetzt. »Es ging auch um Verschwiegenheit und solche Themen, verständlicherweise«, sagt Oliver Schmidt, »es war auch in unserem Interesse, dass nicht darüber gesprochen wird.«

Erst danach geht es weiter zu einem Grundstück in einer Ortschaft unweit von Bremen. Das Areal liegt direkt an einer größeren Landstraße. Gebäude, Bäume, Büsche und Zäune schützen es vor neugierigen Blicken. Dort erst lernen König und Schmidt den eigentlichen Besitzer kennen, einen freundlichen älteren Herrn, der die beiden Porsche-Enthusiasten nun in den verwinkelten Garten führt. »Eine Mischung aus Vorfreude, Spannung und ein bisschen auch Enttäuschung, vielleicht sogar Sorge begleitete mich. Ich dachte, hoffentlich hat der Besitzer dieses Auto so wertgeschätzt, wie es eigentlich nötig wäre«, erinnert sich Oliver Schmidt.

Die PROTOTYP-Gründer fühlen sich, als beträten sie ein verwunschenes Labyrinth. Noch heute schildern sie begeistert diesen Moment der ersten Begegnung. Es war Liebe auf den ersten Blick.

Schmidt: »Ein Privathaus, dahinter ein großer Garten, alles verborgen hinter einem großen Lattenzaun. Mitten in der Walachei. Und dann ging man klassisch über den Hof. Es sah ein bisschen ungepflegt aus, könnte man sagen. Und plötzlich entdeckte man überall irgendwelche Silhouetten von Autos. Da waren wir schon überrascht. Was ist hier los? Ist das ein Autofriedhof? Alles abgedeckt mit Planen. Manchmal konnte man erkennen, was darunter ist: Ein VW Käfer. Oder ein Lancia. Aber auch mal etwas ganz Anderes. Oder nur noch Schrott. Das Gras wuchs überall raus, es war feucht. Es gab aber auch Scheunen, in denen Teile einzeln eingelagert waren. Es schien da sehr trocken zu sein, was sich später noch als sehr glücklicher Umstand herausstellen sollte.«

Die PROTOTYP-Gründer schildern noch heute begeistert diesen Moment der ersten Begegnung.

König: »Es sah verwildert aus. Nicht ungepflegt, aber verwildert. Damit war es leider nicht der viel zitierte Scheunenfund, sondern eher ein Gartenfund. Der Mann hatte auf dem Areal alle möglichen Projekte gesammelt, um sie irgendwann einmal zu restaurieren. Dazu kam er anscheinend nie. Es waren rund 20 Autos mit einem deutlichen Fokus auf Porsche untergestellt, und die warteten darauf, dass sie aus dem Dornröschenschlaf befreit wurden. Wir mussten eine Sense nehmen, um uns den Weg zum Auto überhaupt freizuschneiden.«

Schmidt: »So schlugen wir uns dann zu dem mysteriösen Objekt durch. Es war abgedeckt mit einer Plane, in der Tat gewissenhafter als die anderen, wie sich herausstellte. Der damalige Besitzer hat gerade diesen Wagen im Rahmen der Möglichkeiten schön konserviert. Es war alles eingeölt, gefettet und so weiter. Er wusste offenbar um die Bedeutung dieses einzigartigen Autos, das man nicht einfach in den Garten schiebt und vollregnen lässt. Dafür waren wir ihm sehr dankbar.«

König: »Nachdem wir uns durch das Dickicht gekämpft hatten, verglichen wir zuerst,

Zahn der Zeit: Trotz der jahrelangen Lagerung im Freien war die Karosserie erstaunlich gut erhalten.

ob der Wagen zu den Fotos passte, die wir vorab bekommen hatten. Das passte alles. Der Zustand war den Umständen entsprechend, aber auch bei anderen frühen Porsche-Modellen, die nicht im Freien gelagert wurden, hatte ich schon ähnliche Zustände gesehen. Die selbsttragende Karosserie ist eben besonders anfällig für Rost. Insofern war mir klar: Hier gab es nichts, was man nicht hätte retten können. Und das Schöne war, dass es sich eindeutig um etwas ganz Besonderes handelte. Man sah, dass es ein großteils von Hand – und eben nicht mit Werkzeugteilen – gebautes Auto war. Es wirkte schon auf den ersten Blick vollkommen anders als die Autos der späteren ersten Serie, die ca. ab Juni 1950 in Stuttgart gebaut wurden.«

Den Wagen zu bergen, stellt sich dann als die schwierigste Aufgabe bei dieser Exkursion in die Vergangenheit heraus.

Andächtig steht die Gruppe vor dem Kleinod, das sie zusammengeführt hat. Als erstes inspizieren die Hamburger Interessenten die Fahrgestellnummer. Sie ist deutlich lesbar.

Schmidt: »Wir hatten markante Punkte im Kopf, nach denen wir jetzt suchten. Es ging zum Beispiel um die Positionierung der vierstelligen Fahrgestellnummer vorne im Kofferraum, wie auch um die Schlagzahlen selbst. Porsche hatte mal kleine Nummern verwendet, dann wieder große Nummern. Die konnte man genau bestimmten Produktionsphasen zuordnen. Und alle diese Merkmale, die wir vorher recherchiert hatten, trafen bei näherer Begutachtung zu.«

König: »Ich konnte vorher Fotos von der Restaurierung der Fahrgestellnummer 5012 untersuchen, der inzwischen 5047 als ältesten bekannten Wagen aus Stuttgarter Produktion ersetzt hatte, und wusste, wie die Bleche an bestimmten Stellen aussehen mussten. Diese Unikat-Eckpunkte habe ich verglichen, sie stellten sich als sehr ähnlich zur Nummer 5012 heraus. Kein Mensch hätte die fälschen können. Es war sowieso eindeutig, dass es keine Fälschung war, denn dann hätte sie jemand vor 50 Jahren gemacht haben müssen, so wie sich der Zustand der Karosserie präsentierte.«

Eine eingehendere Inspektion ergibt, dass die Substanz trotz aller Rostschäden erstaunlich gut erhalten ist – dafür, dass der Wagen bereits seit Jahrzehnten auf dem Grundstück steht. Der Besitzer hatte die Karosserie glücklicherweise mit einer dicken Ölschicht konserviert. Und an verdeckten Stellen finden sich größere Reste der metallicroten Originallackierung, was sich bei der späteren Recherche als sehr hilfreich erweist. Ein weiterer Glücksfall: Die meisten Anbauteile waren von Anbeginn an trocken in einen Schuppen eingelagert, und bei Durchsicht der Teile stellt sich heraus, dass sogar Fragmente des ursprünglichen Motors erhalten geblieben sind. »Es war pure Magie, er wirkte wie ein Überlebender aus einer fernen Zeit«, schwärmt Thomas König noch heute. »Unsere Zweifel waren endgültig dahin«, so Oliver Schmidt, »aber noch immer konnten wir unser Glück kaum fassen.«

Die Nummer 5006 – ein wahrhaft einzigartiges Modell, nicht nur wegen seiner ungewöhnlichen schillernd-roten Metalliclackierung. Die vierstellige Fahrgestellnummer weist ihn als einen der frühesten Porsche aus, die 1950 in Stuttgart-Zuffenhausen hergestellt wurden. Jahrzehnte lang war sein Verbleib ungeklärt, er galt als verschollen.

Der Kauf wird nun endgültig besiegelt. Und nun kann Teil zwei der Rettungsaktion beginnen: Die Bergung aus dem verwunschenen Garten. Die Zeit drängt, denn der private Autofriedhof muss auf Anordnung der Behörden aufgelöst werden. Eine Firma für

Ein sichtbares Merkmal der ersten handgefertigten Wagen: die Wölbung des Armaturenbretts hin zum Radioschacht.

Schlagender Beweis: Die eingeschlagenen Fahrgestellnummern hatten die richtige Größe und befanden sich an den richtigen Stellen (unten l. und r.).

Indizienbeweis: Erste Hinweise auf die außergewöhnliche metallicrote Lackierung des Wagens fanden sich an Stellen, die von außen nicht zugänglich sind.

Messestar 5006
Einer breiteren Öffentlichkeit wurde der neue Porsche 356 aus Stuttgart erstmals auf der Motor-Schau in Reutlingen im Mai 1950 vorgestellt. Das Autohaus Max Moritz präsentierte den »Porschewagen«, wie auf einem Schild zu lesen war. Daneben wies die Firma Lechler auf ihre Durapon-Sonderlackierung hin, die das Coupé in einem metallisch glänzenden Rot erstrahlen ließ, das auf einem Foto des Messestandes zu erkennen ist. Es ist das älteste bekannte Farbfoto, das einen Porsche 356 zeigt – genau jenen Wagen, der 63 Jahre später unter einer Plane in der Nähe von Bremen wiederentdeckt und dessen Geschichte hier beschrieben wird.

Haushaltsauflösungen ist schon bestellt. Das ist auch der Grund, weshalb sich der Besitzer entschloss, sein wertvollstes Sammlerstück zu verkaufen. »Der Mann hatte etwa 20 Projekte, und es war abzusehen, dass er nicht einmal eines davon restaurieren könnte«, erklärt Thomas König, »aus Altersgründen, aber auch aus finanziellen Gründen. Der Aufwand ist ungeheuer hoch, gerade wenn es um solche Prototypen oder Vorserienfahrzeuge geht.«

Den Wagen zu bergen, stellt sich dann als die schwierigste Aufgabe bei dieser Exkursion in die Vergangenheit heraus. Die alte Zufahrt ist durch mehrere, im Lauf der Jahrzehnte errichteten Gebäude versperrt. Man kann den illegalen Autofriedhof nur durch das Haus betreten. Einen anderen Weg gibt es nicht. »Man konnte nicht, wie man das sonst gemacht hätte, mit einem Trailer rückwärts heranfahren«, erinnert sich Oliver Schmidt, »das Auto hochschieben, ordentlich verzurren und nach Hause fahren. Das war nicht denkbar.«

Doch es gibt eine Lösung. »Zum Glück lag der Garten, abgetrennt durch einen Sichtschutzzaun, direkt an einer wenig befahrenen Landstraße«, berichtet Thomas König. Ein Kran muss her. Aber wenn schon, dann bitte einer mit Stil. Ein Freund mit einem Mercedes Rundhauber-Kranwagen aus den 1960er-Jahren hilft aus.

Die Operation Rettung strebt ihrem vorläufigen Höhepunkt zu. Aus Hamburg kommen weitere Helfer hinzu. Denn es müssen weitere Hindernisse überwunden werden. Die Bergung will wohl vorbereitet sein. »Als erstes haben wir das ganze Gras um den Wagen herum – und vor allem unter dem Wagen – abgeräumt, damit er schön freistand«, erzählt Oliver Schmidt. Die große Sorge war, dass die Karosserie beim Herausheben in der Mitte einfach durchbricht. »Deshalb haben wir noch im Garten ein Holzgerüst darunter gebaut«, ergänzt Thomas König. »Das war die erste Maßnahme, weil der Unterboden in großen Teilen nur noch löchrig war, und dadurch hatte die Statik der selbsttragenden Karosserie natürlich arg gelitten.«

Schwere Ketten werden an den vier Enden des Holzgerüsts befestigt, und dann wird die ganze Konstruktion sehr behutsam, Zentimeter für Zentimeter, hochgehievt. Ein wahrhaft erhebender Moment. Zum erstenmal seit Jahrzehnten wird 5006 wieder bewegt, was glücklicherweise fotografisch dokumentiert wird.

Schmidt und König sperren derweil prophylaktisch die Landstraße ab (König: »Wir mussten ja auch eine Funktion haben.«), während sich ihre kostbare Neuerwerbung in luftige Höhen erhebt. »So haben wir den Wagen mit dem Kran langsam über den Zaun und den Graben auf die Landstraße gehievt«, erzählt Thomas König, »und ihn dann in unseren Trailer verfrachtet, was auch schon ein spannendes Abenteuer war.«

Eines von vielen in dieser unglaublichen Geschichte. Der Geschichte einer filmreifen Rettung in letzter Minute.

Stunde Null: Die Bestandsaufnahme ergab: 5006 ist zu retten.

DER BLICK WEIT ZURÜCK

Die Geschichte von Nummer 5006 ist die Geschichte der Anfänge des Sportwagenherstellers Porsche in Stuttgart und damit die der ersten Porschewagen überhaupt aus Deutschland

Heute ist der Zusammenhang klar und über das 1952 gestaltete Markenzeichen mit Bezug zur schwäbischen Hauptstadt eindeutig zu identifizieren. Porsche und Stuttgart gehören zusammen. Aber so ganz klar war das nicht immer, und selbst wenn es heute völlig logisch erscheint, ist ein Blick auf teilweise weit zurückgehende Entscheidungen, die im Frühjahr 1950 zur Fertigstellung der ersten deutschen Porschewagen führen, notwendig.

Im April 1950 wird der erste Porsche in Stuttgart fertiggestellt. Der Start der Serienproduktion in Deutschland.

Im Folgenden werden die für den Start der Serienproduktion des Porsche 356 in Stuttgart wesentlichen Faktoren hergeleitet und aufgezeigt. Es handelt sich nicht um eine lückenlose Darstellung der Entwicklung von Porsche von den Anfängen im Angestelltenverhältnis über die ersten Schritte in der Selbstständigkeit, den Aufstieg zum NS-Musterbetrieb und den Wandel eines ursprünglich zivilen Projekts zum politisch gewollten und schließlich militärisch genutzten Volkswagen. Nicht alle Meilensteile und Personen werden in der ihnen gebührenden Ausführlichkeit behandelt. Der Fokus der Darstellung liegt auf notwendigen Aspekten und strategischen Entscheidungen, die für den Start der Serienproduktion und der ersten Porschewagen, die 1950 in Stuttgart gebaut wurden, entscheidend sind: Warum Stuttgart, warum eine eigene Marke, wie konnte dieser Traum vom eigenen Sportwagen finanziert werden und wer waren die an diesem Neuanfang wesentlich beteiligten Personen und Unternehmen?

Langer Weg nach Stuttgart

Ferdinand Porsche wird am 3. September 1875 im nordböhmischen Maffersdorf geboren. Etwa 590 Kilometer entfernt von Stuttgart. Kurz vor der Jahrhundertwende ist das eine Weltreise voneinander entfernt.

Die Geschichte von Porsche beginnt elektrisch. Ferdinand Porsche am Steuer des Lohner-Porsche Elektro-Rennwagens (1900).

Sein Weg durch die Automobilgeschichte startet mit seiner Begeisterung für Elektrizität. 1893 darf der junge Ferdinand seiner Leidenschaft nachkommen und geht nach Wien, um dort als Praktikant der elektrotechnischen Firma »Béla Egger & Co.« anzufangen. Fleißig und begabt geht er schnell seinen Weg. In nur vier Jahren wird aus dem Praktikanten der Leiter der Probierabteilung und er arbeitet an Elektromotoren, die in Kutschen des Kutschenfabrikanten Ludwig Lohner eingebaut werden.

Ferdinand Porsche wechselt zum Auftraggeber Lohner und stellt 1900 auf der Pariser Weltausstellung das Radnaben-angetriebene Elektromobil »System Lohner-Porsche« vor. Die *Allgemeine Automobil-Zeitung* berichtet von der Weltausstellung auf dem Titelblatt. Mit dem System Lohner-Porsche wird der Konstrukteur Ferdinand Porsche erstmals bekannt. Im gleichen Jahr konstruiert Porsche ein mit vier Radnabenmotoren ausgestattetes Elektromobil, quasi nebenher entsteht mit dem »La toujour Contente« so das erste Allradfahrzeug der Welt. Die Elektromobilität steckt noch in den Kinderschuhen. Probleme wie die mangelnde Infrastruktur, das hohe Gewicht der Batterien, lange Ladezeiten und vergleichbar kurze Reichweiten in Konkurrenz zu den zwar stinkenden, aber wesentlich preiswerteren, benzingetriebenen Alternativen führen ebenfalls 1900 zur Entwicklung des weltweit ersten funktionsfähigen Vollhybrid, des Lohner-Porsche »Semper Vivus«. Zwei De-Dion-Bouton-Benzinmotoren dienen als früher Range-Extender. Für Porsche bedeutet dies die erste Auseinandersetzung mit dem Verbrennungsmotor. Den ersten eigenen Verbrennungsmotor entwickelt er kurz darauf für Austro-Daimler. Auf Vermittlung von Emil Jellinek wechselt er am 19. Juli 1906 als Technischer Direktor zur Österreichischen Daimler Motoren-Gesellschaft in Wiener Neustadt, 670 Kilometer von Stuttgart entfernt. Porsche folgt auf dieser Stelle Paul Daimler, dem Sohn des schwäbischen Erfinders des Automobils. Zuvor war bereits Tochter Louise am 19. August 1904 in Wien geboren worden, Sohn Ferdinand Anton Ernst »Ferry« kommt am 19. September 1909 in Wiener Neustadt zur Welt. Sie wachsen an der Seite ihres technikbesessenen Vaters auf. Dieser verlässt 1923 mit knallenden Türen die Aufsichtsratssitzung der Firma und in der Folge Österreich. Sein Nachfolger bei Austro-Daimler wird der 27-jährige Karl Rabe. Ferdinand Porsche wiederum wird abermals Nachfolger von Paul Daimler, der bei der Daimler-Motoren-Gesellschaft in Stuttgart in Ungnade gefallen ist und zu Horch nach Zwickau wechselt. Ende April 1923 ist Porsche offiziell in Stuttgart angekommen, er erhält einen Fünfjahresvertrag als Technischer Direktor und Vorstandsmitglied.

Die Villa

Offensichtlich glaubt Ferdinand Porsche an seine Zukunft in Stuttgart. Hier pulsiert das automobile Leben, die Aussichten in diesem Industriezweig stehen, trotz anhaltender Wirtschaftskrise in Deutschland, nicht schlecht. Porsche beauftragt die Architekten Eugen Scholer und Paul Bonatz zum Bau einer Villa am Stuttgarter Killesberg. Die damals schon feine Adresse: Feuerbacher Weg 48.

Inzwischen wird sein Anwalt zu seinem Schwiegersohn. Anton Piëch heiratet am 28. Juni 1928 in Stuttgart Louise Porsche, nun Piëch. Die Daimler Motoren-Gesellschaft bekommt Zuwachs in Form der Rheinischen Automobil- und Motorenfabrik Benz & Cie. Die Unternehmen fusionieren zur Daimler-Benz AG. Porsches Zeit bei Daimler findet inoffiziell noch im Jahr 1928 ein Ende. Nach einer außergerichtlichen Vereinbarung bleiben 1930 von der Zusammenarbeit mit dem ehemaligen Arbeitgeber Daimler-Benz und Porsche ein zertrampelter Hut und die Familienvilla, wenn gleich diese zunächst noch an Hans Nibel, Porsches Widersacher von Benz kommend und Nachfolger bei Daimler, vermietet ist. Porsche wechselt Anfang 1929 wieder nach Österreich.

Ferdinand Porsche glaubt an seine Zukunft in Stuttgart. Hier pulsiert das automobile Leben, die Aussichten stehen trotz Wirtschaftskrise nicht schlecht.

Hans Baron von Veyder-Malberg bemüht sich bereits 1927 als technischer Berater der Geschäftsführung der Steyr-Werke AG um die Einstellung Ferdinand Porsches. Im Januar 1929 wird Porsche bei Steyr Technischer Vorstand. Die Erwartungen an den Rückkehrer sind hoch; inzwischen ist Ferdinand Porsche ein recht bekannter Automobilkonstrukteur. Die *Allgemeine Automobil-Zeitung* schreibt: »Unser großer Landsmann, der einst seinen ersten Ruhm hier verdient hat, kehrt nun wieder heim.« Steyr ist auf die Produktion von Personen- und Lastkraftwagen spezialisiert. Voller Zuversicht entwickelt Ferdinand Porsche eine neue Motorengeneration für das österreichische Automobilunternehmen. Es entstehen der Sechszylinderwagen Typ 30 sowie der Typ Austria als Achtzylinder mit modernster Technik. Porsche lernt hier den Diplom-Ingenieur Walter Boxan, den Spezialisten für Achskonstruktionen Josef Zahradnik sowie die Konstrukteure Erwin Komenda, Josef Kales und Karl Fröhlich kennen, die später alle im Konstruktionsbüro Porsche arbeiten. Auch Baron von Veyder-Malberg tritt 1933 als kaufmännischer Leiter und Prokurist in das Konstruktionsbüro ein.

Von Dauer ist Porsches Beschäftigung bei den Steyr-Werken nicht. Offiziell scheidet er bereits zum 23. April 1930 wieder aus. Ferdinand

Feuerbacher Weg 48. Dreh- und Angelpunkt der Familien- und Firmengeschichte in Stuttgart.

Porsche hat andere Pläne, als einer zu erwartenden Fusion von Steyr mit der Austro-Daimler-Puchwerke AG freudig entgegenzusehen. Er kehrt zurück nach Stuttgart und verhandelt mit Hans Nibel über dessen Auszug aus der Villa am Feuerbacher Weg. Die Villa wird fortan Dreh- und Angelpunkt für die Firma und Familie in Deutschland und einer der Gründe, immer wieder nach Stuttgart zurückzukehren.

1931: Das Konstruktionsbüro

»Da mir nachgesagt wird, dass meine Arbeitskraft so groß sei, um mehrere Werke gleichzeitig mit Konstruktionen etc. zu speisen, habe ich nunmehr beschlossen, ein eigenes Konstruktionsbüro zur Lieferung von Automobil- & Motor-Konstruktionen wie auch zur Beratung und Unterstützung der einschlägigen Industrie zu eröffnen. Das Büro ist bereits mit Aufträgen versehen und befindet sich in Stuttgart, Kronenstraße 24«, so Ferdinand Porsche am 13. Januar 1931. Tatsächlich wagt Porsche mit 55 Jahren den Schritt in die Selbstständigkeit. Allerdings gründet er das neue Unternehmen nicht allein. Mit dem Gesellschaftervertrag vom 15.12.1930 wird sein Schwiegersohn Anton Piëch 10-prozentiger Teilhaber. Ebenfalls 10 Prozent der Geschäftsanteile mit einer Nominaleinlage von 3.000 RM hält der ehemalige Rennfahrer Adolf Rosenberger aus Pforzheim. Neben Ferdinand Porsche und seinem Schwiegersohn wird Adolf Rosenberger kaufmännischer Geschäftsführer und Finanzier der »Dr. Ing. h.c. F. Porsche Gesellschaft mit beschränkter Haftung, Konstruktion und Beratung für Motoren- und Fahrzeugbau«.

Ferry Porsche (vorn links) im Konstruktionsbüro in der Stuttgarter Kronenstraße 24 (ca. 1935).

Typisch für Porsche setzt er auf ein bestehendes Netzwerk und vertraute Verbindungen aus seinen früheren Arbeitsbeziehungen. Er begeistert frühere Weggefährten für die gemeinsame Sache. Zum Teil geben sie sichere Beschäftigungen auf, um Porsche zu folgen. Karl Rabe wird erster Mitarbeiter von Porsche. Sie kennen sich bereits aus den gemeinsamen Tagen bei Austro-Daimler. Die Bekanntschaft mit Adolf Rosenberger besteht seit den erfolgreichen gemeinsamen Rennzeiten von Mercedes. Mit 12 Mitarbeitern beginnt das Wagnis Selbstständigkeit; die Gesellschaft wird am 25. April 1931 in das Stuttgarter Handelsregister offiziell eingetragen.

Konstruktive Zusammenarbeit

Schon vor der urkundlichen Gründung beauftragt die Firma Wanderer aus Chemnitz das Konstruktionsbüro Porsche mit der Entwicklung eines neuen Motors und Fahrgestells zur Erneuerung ihres Fahrzeugprogramms. Bei Porsche wird diesem Auftrag erstmals eine Typennummer zugeordnet, von dort an werden diese – von wenigen Ausnahmen für größere Projekte externer Kunden abgesehen – in Reihenfolge vergeben. Das Konstruktionsbüro Porsche mit Sitz in der Stuttgarter Kronenstraße 24 macht sich an die Arbeit. Zur Umsetzung der Entwürfe ist Porsche jedoch auf externe Hilfe angewiesen.

1906 gründet Wilhelm Reutter die »Stuttgarter Karosserie- und Radfabrik«, die nach Eintritt seines Bruders Albert ihren Firmensitz in der Augustenstraße 82 im Westen der Stadt Stuttgart bezieht. Reutter baut Karosserien auf Fahrgestelle nahezu aller Hersteller der Zeit. Mit dem Patent eines »Motorfahrzeugs mit Klappverdeck« wird Reutter mit seiner »Reform-Karosserie« schnell überregional bekannt. Noch kommen die größten Aufträge für Aufbauten auf Daimler-Benz Fahrgestelle, darunter einige Sechszylinder Kompressor-Wagen 15/70/100 PS und 24/100/140 PS. Konstrukteur: Ferdinand Porsche. Unter den Kunden

Bereits 1936 entsteht das Reutter Werk II an der Schwieberdinger Straße in Zuffenhausen.

des Stuttgarter Karosseriewerks sind seit Mitte der 1920er-Jahre die Wanderer-Werke. Porsche konstruiert für Wanderer, Reutter baut bereits Karosserien für den Chemnitzer Automobilhersteller – der logische Schluss liegt in der direkten Zusammenarbeit zwischen Porsche und Reutter. Zwischen der Kronen- und der Augustenstraße liegt die Stuttgarter Innenstadt; selbst zu Beginn der 1930er-Jahre sind etwa zwei Kilometer Entfernung voneinander ein Katzensprung. Eine Telefon-Notiz vom 7. Juli 1931 belegt schriftlich die frühe Zusammenarbeit der beiden Stuttgarter Firmen. Noch schreibt Porsche Reutter mit einem »t«, doch schnell lernen sich die Betriebe besser kennen und schätzen.

Aus dem Porsche Typ 7 wird eine neue Fahrzeuggeneration für Wanderer mit den Wanderer-Typen W15 und W17. Gemeinsam entstehen Einzelstücke, wie der Porsche Typ 8, ein 8-Zylinder Stromlinienwagen auf Wanderer Chassis. Konstruiert und gestaltet von den gleichen Personen, die später für die Entwicklung und Form des Porsche 356 verantwortlich sein werden. Gemeinsam mit Reutter entstehen in der Augustenstraße Vorläufer und Prototypen für den Volkswagen. Wenngleich Porsche ebenso mit anderen Karosserieherstellern, beispielsweise Drauz in Heilbronn oder Auer in Cannstatt, zusammenarbeitet, ist die Beziehung mit dem Stuttgarter Karosseriewerk Reutter eine Konstante in der Zeit bis zur kriegsbedingten Umstellung der zivilen Projekte. Allerdings entstehen die Prototypen der militärischen Versionen des Volkswagens ebenfalls unter Mitarbeit von Reutter.

Mitte 1930 beschäftigt das Stuttgarter Karosseriewerk etwa 600 Mitarbeiter. Die Serienproduktion für Wanderer dominiert die Auftragslage. Mit steigender Beschäftigung kommt die Firma in der Augustenstraße an ihre räumliche Kapazitätsgrenze. Das Stammwerk ist den hohen Anforderungen nicht mehr gewachsen, seit der Errichtung eines Hallenneubaus in den 1920er-Jahren besteht

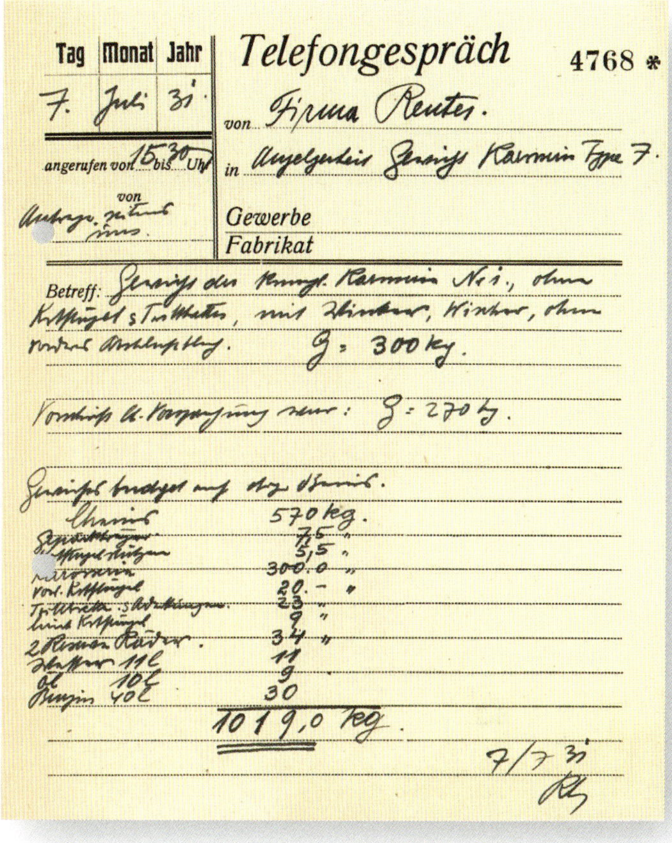
Telefongespräch 4768 *

Tag: 7. Monat: Juli Jahr: 31.

von Firma Reuter.

angerufen von 15 bis 30 Uhr

in ... Type 7.

von

Gewerbe

Fabrikat

Betreff: ... G = 300 kg.

... G = 270 kg.

... 570 kg. 7,5 5,5 300,0 20,– 23 9 34 11 9 30

1019,0 kg.

7/7 31

1931 beginnt die Zusammenarbeit zwischen Reutter (gegr. 1906) und dem jungen Konstruktionsbüro Porsche.

im Wohngebiet des Stuttgarter Westens keine weitere Möglichkeit zur Expansion.

Mitte der 1930er-Jahre plant der inzwischen alleinige Firmenchef Albert Reutter einen Neubau auf der grünen Wiese. Es gelingt ihm, im Februar 1936 im Stuttgarter Vorort Zuffenhausen ein großes Industriegelände mit angrenzenden ungenutzten Flächen von der Unternehmerfamilie Wolf zu erwerben. 1936 beginnen die Planungen zu einem Fabrikneubau, dem Reutter Werk II, das bereits 1937 in Betrieb genommen wird. Neben einer großen Presshalle mit modernsten Maschinen, einer Lackier- und Trocknungsanlage, macht eine eigene Strom- und Wasserversorgung das Werk unabhängig. In Zuffenhausen produziert Reutter für Wanderer einen Großteil der Karosserien für den Vierzylinder W24. Es ist ein preisgünstiger, gefälliger Gebrauchswagen, von dem im Reutter Werk II an der Schwieberdinger

Mitte 1930 beschäftigt Reutter etwa 600 Mitarbeiter. Mit steigender Beschäftigung kommt die Firma in der Augustenstraße an ihre räumliche Kapazitätsgrenze.

Straße zum Ende der Bauzeit bis zu 33 Karosserien pro Tag gebaut werden. Reutter beschäftigt inzwischen 800 Mitarbeiter.

Im August 1933 beauftragt NSU-Generaldirektor Fritz von Falkenhayn Ferdinand Porsche mit der Konstruktion eines wirtschaftlichen Kleinwagens. Ein ähnliches Projekt – der Porsche Typ 12 – auf Zündapp-Basis gelangt 1932 nicht zur Serienfertigung. Reutter baut zwei Prototypen, ein Cabriolet und ein Coupé nach Entwurf von Porsche-Karosseriekonstrukteur Erwin Komenda, aber Zündapp scheut das finanzielle Risiko einer Großserienfertigung. Nun steht mit dem Porsche Typ 32 für die Neckarsulmer Fahrzeugwerke der zweite Versuch, einen Kleinwagen für breitere Massen der Bevölkerung zu bauen, im Auftragsbuch des Konstruktionsbüros Porsche. Drei Prototypen entstehen bei unterschiedlichen Karosserieherstellern, einer davon bei Reutter in der Augustenstraße 82. Dieser Prototyp nimmt stilistisch und technisch bereits Details vorweg, die wenige Jahre später beim Volkswagen-Projekt in Serie realisiert werden. Erstmals treibt ein 4-Zylinder-Boxermotor im Heck die Porsche-Konstruktion an. Dieses Kleinwagenprojekt für NSU scheitert an den notwendigen Investitionen. Die Errichtung neuer Fertigungsstätten, der Aufbau eines weitreichenden Händler- und Werkstätten

Ferry Porsche begutachtet im Reutter Werk I die Arbeiten am Porsche Typ 12 Cabriolet (1932).

Netzes übersteigen die Möglichkeiten des ohnehin schon verschuldeten Heilbronner Unternehmens.

Am 17. Januar 1934 reist Ferdinand Porsche nach Berlin, um dort sein »Exposé betreffend den Bau eines deutschen Volkswagens« beim Reichsverkehrsministerium einzureichen. Porsche findet bei der neuen Reichsregierung und im Besonderen bei Reichskanzler Adolf Hitler ein offenes Ohr für seine Ideen der Massenmotorisierung und eines Volkswagens. Zur Eröffnung der Berliner Automobilausstellung spricht Hitler im Mai 1934 erstmals davon, ein Fahrzeug für das gesamte deutsche Volk bauen zu wollen. Aus dem ursprünglich zivilen Projekt wird nun ein hoch politisches. Nach Ansicht des Reichsverbandes der Automobilindustrie (RDA) kann ein solches Projekt nationaler Größenordnung und Bedeutung nur durch Kooperation verschiedener Firmen durchgeführt werden. Zur Vermeidung von Interessenkonflikten soll ein geografisch möglichst zentral gelegenes, unabhängiges Konstruktionsbüro mit der Entwicklung und Durchführung beauftragt werden. Am 22. Juni 1934 unterzeichnet der Reichsverband der Automobilindustrie mit Dr. Ing. h.c. Ferdinand Porsche und der Porsche GmbH den Vertrag »zur Motorisierung des deutschen Volkes auf Grundlage einer Gemeinschaftsarbeit«. Porsche erhält damit offiziell den Auftrag zur Konstruktion des Volkswagens.

Es folgen unzählige Versuche und Diskussionen um Konzepte und deren Finanzierung. Prototypen werden gebaut und getestet. Längst ist das Projekt nicht mehr wirtschaftlich, aber der politische Druck und die schützende Hand der Reichsregierung führen zum Erfolg. Aus dem Porsche Typ 60 wird der Volkswagen.

Porsche Typ 60 (V3). Die Vorläufer des späteren Volkswagens entstehen in der Garage der Villa am Feuerbacher Weg (1936).

Porsche zieht nach Zuffenhausen. Das neue Werk ist 1938 bezugsfertig.

Allerdings macht der drohende Krieg alle Hoffnungen auf eine zivile Fertigung zunichte. Bereits früh denkt das NS-Regime an die Möglichkeiten einer militärischen Nutzung des Wagens, der im Porsche-Zweigwerk, dem Volkswagenwerk, nahe des niedersächsischen Städtchens Fallersleben unter Einsatz von Zwangsarbeitern produziert werden soll. Letztlich bekommen die Streitkräfte den Wagen, der eigentlich von Porsche in Stuttgart für das Volk entworfen wurde. Für das Konstruktionsbüro bedeuten die Aufträge und Zahlungen aus Berlin das Ende jahrelanger finanzieller Sorgen. Die Zukunft des Unternehmens scheint gesichert, die Zeichen stehen auf Expansion – ohne Rücksicht auf politische oder moralische Bedenken. Ferdinand Porsche wird zum »Lieblingskonstrukteur« von Adolf Hitler.

Nach dem Auftrag zur Konstruktion des Volkswagens, inzwischen die 60. Konstruktion in der Porsche-Typenliste, steigt der räumliche Bedarf. Der Betrieb wandelt sich nach schwierigen Anfangsjahren, in denen das Unternehmen mehrfach kurz vor der Insolvenz stand, von einem reinen Konstruktionsbüro zu einem Entwicklungsbetrieb, der Prototypen bauen und testen muss. Die Räume in der Kronenstraße reichen nicht einmal für eine kleinere Werkstatt. Hierfür wird nun die Garage am Privathaus der Villa von Ferdinand Porsche am Stuttgarter Killesberg genutzt. Porsche begibt sich auf die Suche nach geeigneten Flächen. Diese findet das Unternehmen 1937 in Zuffenhausen, wie zuvor Reutter. Ebenfalls ist die jüdische Familie Wolf der Verkäufer des etwa 30.000 m² großen Geländes.

Das Porsche Werk 1 an der Spitalwaldstraße 2 in Zuffenhausen wird nach Baubeginn 1937 bereits im Jahr 1938 fertig gestellt und bezogen. Die räumliche Grundlage für den späteren Automobilhersteller Porsche in Stuttgart ist gelegt.

Umwandlung der GmbH

Zum 31. Dezember 1937 stellt sich Porsche organisatorisch neu auf und wandelt die »Dr. Ing. h.c. F. Porsche Gesellschaft mit beschränkter Haftung, Konstruktion und Beratungen für Motoren- und Fahrzeugbau« in die »Dr. Ing. h.c. F. Porsche K.G. Konstruktion und Beratungen für Motoren- und Fahrzeugbau in Stuttgart« um. Einzig persönlich haftender Gesellschafter ist Ferdinand Porsche mit 70 % der Geschäftsanteile. Prokura erhalten neben

Ferry Porsche (15 % Geschäftsanteile) und Anton Piëch (10 % der Geschäftsanteile, weitere 5 % hält Louise Piëch), die anteilslosen Geschäftsführer Hans Freiherr von Veyder-Malberg und Oberingenieur Karl Rabe. Gegenstand der Gesellschaft ist die wissenschaftliche und technische Durchführung von Konstruktionen und Versuchen auf dem Gebiet des Motor- und Fahrzeugbaues, der Erwerb, Verkauf und die Überlassung (Lizenz) von Patenten, die Ausarbeitung und Veräußerung von Entwürfen technischer Gegenstände, die mittelbar oder unmittelbar das Kraftfahrwesen betreffen sowie die beratende und gutachterliche Tätigkeit auf diesem Gebiet. Ab 1941 wird Hans (Johann) Kern aus Stuttgart-Bad Cannstatt zum Prokuristen bestellt. Er wird am 17.10.1942 nach dem Ausscheiden von Baron Veyder-Malberg kaufmännischer Leiter (Buchhaltungsleiter) und ist fortan maßgeblich für die wirtschaftliche Entwicklung von Porsche verantwortlich.

Porsche wandelt sich nach schwierigen Anfangsjahren zu einem Entwicklungsbetrieb, der Prototypen bauen und testen muss.

Eine Firma an drei Standorten

Als die Alliierten 1943 erste Luftangriffe auf Stuttgart fliegen, wird die Situation in der Stadt zunehmend gefährlich. Ferry Porsche bittet das Rüstungskommando Salzburg um Rat. Die deutschen Behörden unterstützen das Vorhaben einer Umsiedlung des Unternehmens. Auf Veranlassung des Rüstungsamtes Berlin beginnt die Firma im Mai 1944 einen Teil des Betriebes in Stuttgart-Zuffenhausen nach Gmünd in Kärnten (Österreich) zu verlagern, wohin gegen Ende des Jahres die gesamte Hauptverwaltung folgt. Fast der gesamte Betrieb zieht hier in das

Aus der GmbH wird die Porsche KG. Das Werk in Zuffenhausen wird zugleich Zweigstelle des Volkswagenwerks (ca. 1939).

Das Schüttgut in Zell am See ist seit 1941 in Porsche Familienbesitz.

ehemalige Sägewerk der Firma Willi Meineke ein. Von den 3.365 m^2 überbauter Grundfläche kann Porsche 2.598 m^2 als Nutzfläche für den eigentlichen Betrieb und die Verwaltung in Anspruch nehmen. Aufgrund der überaus schwierigen Beschaffungslage von Baumaterialien wird die Einrichtung auf das Notwendigste beschränkt und die Einbauten zumeist in Holz ausgeführt. Für die Aufstellung der Maschinen muss ein Teil des Fußbodens ausgewechselt werden und neue Fundamente werden gegossen. Die Verhältnisse sind nicht optimal, jedoch angesichts der Situation im heimischen Stuttgart lässt die Aussicht auf ein Überleben die größten Kompromisse zu. Schnell schaffen neue Fenster bessere Lichtverhältnisse und der frisch verlegte elektrische Strom liefert die nötige Energie für die zu diesem Zeitpunkt unsichere Zukunft.

Intern spricht jeder von den »Vereinigten Hüttenwerken«, in denen Porsche Zuflucht gefunden hat. Ein Großteil der Belegschaft aus Stuttgart wechselt den Wohnort. Für sie werden am neuen Standort Wohnbaracken und acht Wohnhäuser eingerichtet.

Etwa 130 Kilometer entfernt entwickelt sich Zell am See zu einem wichtigen Standort.

Kriegsbedingt verlagert Porsche den Betrieb nach Gmünd (Kärnten).

»Teile deinen Besitz in drei Teile auf, dann bleibt dir immer ein Teil, um wieder neu anfangen zu können.« Nach diesem Prinzip führt Ferry Porsche seine Firma.

Dort erwarb Ferdinand Porsche bereits 1941 das Schüttgut. Ferry Porsche hatte auf Versuchsfahrten mit dem Porsche Typ 60 (Volkswagen) das 600 Jahre alte Gehöft in Schüttdorf, nahe Zell am See im Salzburger Land und nur 30 Kilometer vom Großglockner entfernt, entdeckt. Der heutige Stammsitz der Familie Porsche wird während des Zweiten Weltkriegs zum Zufluchtsort der Familien Porsche und Piëch. Die an das Schüttgut angrenzende Fliegerschule der Luftwaffe kann während der Tätigkeit in Gmünd praktischerweise als neues Firmenlager dienen.

»Teile deinen Besitz in drei Teile auf, dann bleibt dir immer ein Teil, um wieder neu anfangen zu können.« Nach diesem Prinzip führt Ferry Porsche seine Firma im Zweiten Weltkrieg an drei Standorten: Entwicklung sowie Fertigung in Gmünd, das Lager in Zell am See und die Zentrale in Stuttgart. Der Betrieb in Zuffenhausen bleibt als Versuchswerk bestehen und ist zentrale Anlaufstelle für in Deutschland stattfindende Erprobungen. Dort entstehen in dieser Zeit Entwicklungen zum Panzer Typ 205 »Maus«, einem Volkstraktor sowie verschiedenen Motoren. In der Nacht vom 19. auf den 20.10.1944 treffen amerikanische Bomben das Porsche Werk an der Spitalwaldstraße, der Sheddachbau wird stark beschädigt. Glücklicher Weise bleibt das Gebäude selbst bestehen, allerdings zerstört ein Treffer die Archivräume im Keller. Ein Großteil des dokumentierten Wissens der Dr. Ing. h.c. F. Porsche KG geht verloren.

Zivile und militärische Prototypen im Porsche Werk in Zuffenhausen (1941).

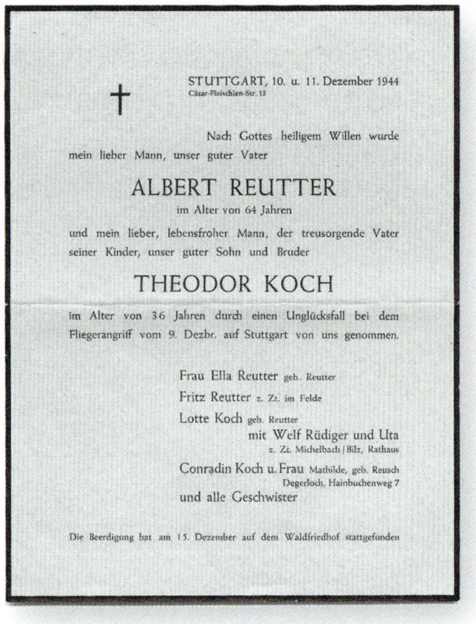

†

STUTTGART, 10. u. 11. Dezember 1944
Cäsar-Flaischlen-Str. 13

Nach Gottes heiligem Willen wurde mein lieber Mann, unser guter Vater

ALBERT REUTTER
im Alter von 64 Jahren

und mein lieber, lebensfroher Mann, der treusorgende Vater seiner Kinder, unser guter Sohn und Bruder

THEODOR KOCH

im Alter von 36 Jahren durch einen Unglücksfall bei dem Fliegerangriff vom 9. Dezbr. auf Stuttgart von uns genommen.

Frau Ella Reutter geb. Reutter
Fritz Reutter z. Zt. im Felde
Lotte Koch geb. Reutter
mit Welf Rüdiger und Uta
z. Zt. Michelbach / Bilz, Rathaus
Conradin Koch u. Frau Mathilde, geb. Reusch
Degerloch, Hainbuchenweg 7
und alle Geschwister

Die Beerdigung hat am 15. Dezember auf dem Waldfriedhof stattgefunden

Schicksalsschlag für Familie und Firma. Albert Reutter und Schwiegersohn Theodor Koch kommen nach einem Fliegerangriff kurz vor Kriegsende ums Leben.

Stuttgarter Karosseriewerk Reutter & Co.

Für das Stuttgarter Karosseriewerk Reutter haben die Kriegsjahre ebenso weitreichende Folgen.

Kurz vor Kriegsausbruch verstirbt Wilhelm Reutter am 5. August 1939. Der Krieg bedeutet die Einstellung aller zivilen Projekte für das Karosseriewerk, was Firmenchef Albert Reutter vor große Herausforderungen stellt. Nachdem kein Material zur zivilen Fertigung von Personenwagen mehr verfügbar ist, ist der Stromlinienwagen K4 auf BMW-Chassis nach Entwurf von Prof. Wunibald Kamm das letzte zivile Projekt. Reutter stellt zwangsläufig auf Kriegsfertigung um. Unter Einsatz von Kriegsgefangenen müssen nun Aufträge für das Reichsluftwaffenministerium bearbeitet werden, unter anderem entstehen Flugzeugrümpfe für die Messerschmitt ME 410 und 412. An die Wiener Neustädter Flugzeugwerke müssen von Reutter 1943 große Pressen abgetreten werden. Die meisten Arbeiter stehen an der Front, 1940 reduziert sich die Belegschaft auf 350 Personen, davon etwa 70 bis 90 Ausländer. Die Beschäftigung in den nächsten Jahren geht weiter zurück und schrumpft bis Mai 1945 auf 94 Mitarbeiter. Die Porsche KG beschäftigt im Jahr 1940 insgesamt 291 Mitarbeiter, davon 117 Angestellte und 174 Arbeiter in ihren Werkstätten.

Albert Reutters ältester Sohn Otto fällt am 13. Januar 1942 in Russland. In der Geschäftsleitung ist neben Albert Reutter nun nur noch sein Schwiegersohn Theodor Koch. Beide versuchen die Firma trotz erheblicher Umsatzrückgänge am Leben zu halten. Die wirtschaftlichen Schwierigkeiten werden durch das weitere persönliche Schicksal überlagert. Nach einem Bombenangriff auf Stuttgart am 9. Dezember 1944 begraben herabstürzende Gebäudeteile Albert Reutter und Theodor Koch in der Firma. Albert Reutter erliegt am 10. Dezember, Theodor Koch am 11. Dezember seinen Verletzungen. Das Stuttgarter Karosseriewerk verliert mit einem Schlag seine Geschäftsführer, die Familie Reutter ihre Väter und Ehemänner.

Neuanfang 1945

Am 3. Januar 1945 wird dem Prokuristen Ernst Körner, der zwischenzeitlich kommissarisch die Firmenleitung des Stuttgarter Karosseriewerks übernommen hatte, nun langfristig die

Langjährige Vertraute. Chefkonstrukteur Karl Rabe (r.) mit Ferdinand Porsche (1936).

Geschäftsleitung übertragen. Er leitet die Firma bis zu seinem Tod im Februar 1953. Zusammen mit Walter Beierbach, der 1948 als Technischer Betriebsleiter eingestellt wird, sind es diese beiden, die die Verhandlungen mit Porsche führen und damit für die weitere Zukunft der Firma und deren Mitarbeiter verantwortlich sind.

Die Dr. Ing. h.c. F. Porsche KG besteht in Stuttgart nach Kriegsende weiter, ohne dort maßgeblich tätig zu werden. Die meisten verbliebenen Mitarbeiter sind im 500 km entfernten Gmünd.

Die einmarschierenden französischen Truppen beschlagnahmen von April bis Mai 1945 das Werk in Zuffenhausen. Als einer der letzten Porsche-Mitarbeiter verlässt Hans Klauser am 22. April seine Arbeitsstätte. Mit der bedingungslosen Kapitulation Deutschlands endet am 8. Mai 1945 der Zweite Weltkrieg in Europa. Von Mai bis September besetzt die sowjetische Armee das Porsche-Werk, bevor am 15. September 1945 für lange Zeit die amerikanischen Besatzungstruppen in der Spitalwaldstraße 2 einziehen. Zunächst erwartet Porsche eine zügige Rückgabe, die sich allerdings bis 1955 hinziehen wird. Die Rückkehr aus dem mehr oder weniger behelfsmäßig errichteten Standort in Kärnten nach Stuttgart rückt dadurch in weite Ferne. Andererseits erhält Porsche für Beschlagnahmung über das Besatzungskostenamt regelmäßig Miete. In Zeiten schwieriger Beschäftigung in Gmünd keine schlechte Ausgangslage für Porsche, denn in den ersten Jahren des Neuanfangs nach dem Krieg trägt jede eingehende Zahlung zum Überleben der Firma bei.

Ab 1945 leitet Ferry Porsche den Betrieb in Gmünd; Unsicherheit bestimmt nicht nur das Tagesgeschäft. Für den Juniorchef und sein Team geht es um die strategische Ausrichtung für die weitere Zukunft, denn die Zeit nach Kriegsende ist für das Konstruktionsbüro ein Neuanfang. Dank langjähriger, erfolgreicher Konstruktionen im Motorsport wie dem Porsche Typ 22 für die Auto Union genießt das Unternehmen

Für Ferry Porsche und sein Team geht es 1945 um die strategische Ausrichtung für die weitere Zukunft.

nach wie vor einen guten Ruf. Dieser nützt nur nichts, wenn die entsprechenden Aufträge fehlen. Zunächst produziert das Team in Gmünd Gegenstände, die nach dem Krieg am dringendsten benötigt werden. Um die Beschäftigung der Belegschaft zu sichern, akquiriert Porsche Aufträge aller Art. So konstruiert das Team mit den einfachsten Mitteln und Materialien zum Beispiel einen wasserbetriebenen Generator, Durchströmturbinen (Porsche Typen 291 und 292) eine Bergbauernseilwinde (Typ 335) und Mähfinger (Porsche Typ 345). Die Mitarbeiter reparieren zudem Volkswagen und Kübelwagen.

Wohin der weitere Weg geht, ist unklar. Gibt es größere Aufträge aus der Industrie und kann Porsche mit seinem Team an die konstruktiven Erfolge der Vorkriegszeit anknüpfen? Liegt die Zukunft weiter in der Entwicklungsarbeit für Dritte? An eine eigene Fertigung von kleinen leichten Sportwagen unter eigenen Namen ist direkt nach dem Krieg nicht zu denken. Oder etwa doch?

Ab Dezember 1945 liegen die Geschicke der Firma kurzfristig in den Händen von Karl Rabe, der in Vertretung für die Familie Porsche das Geschäft allein leiten muss, denn Ferdinand und Ferry Porsche sowie Anton Piëch kommen in französische Gefangenschaft. Ihnen wird vorgeworfen, aufgrund der Aufsicht des Volkswagenwerkes über die Peugeot-Werke an Kriegsverbrechen beteiligt gewesen zu sein. Während Ferdinand Porsche bis zum 3. Mai 1946 in Baden-Baden und danach bis zu seiner Freilassung im August 1947 in Paris von den Franzosen festgehalten sein wird, erlangt Ferry Porsche im März 1946 die Freiheit zurück. Nun ist es an ihm, die Unternehmung Porsche in die Zukunft zu führen.

Austro Auto

Wenn die direkte Nachfrage fehlt, müssen Impulse gesetzt werden. Die richtige Idee, das passende Angebot zur richtigen Zeit. Das hat schon 1934 mit dem »Exposé betreffend den Bau eines deutschen Volkswagens« das bis dahin stets an der Insolvenzgrenze agierende Unternehmen gerettet. Warum nicht noch einmal? Vielleicht war die Notlösung Gmünd für Porsche der Anfang von etwas Neuem, hier in der österreichischen Heimat, fernab vom alten Standort Stuttgart?

An eine eigene Fertigung von kleinen leichten Sportwagen unter eigenen Namen ist direkt nach dem Krieg nicht zu denken. Oder etwa doch?

In einem Exposé vom Oktober 1946 zur Errichtung eines Montagewerkes für Kleinkraftwagen in Österreich machen sich Ferry Porsche und Karl Rabe Gedanken, dass ein signifikanter Bedarf an Personenkraftwagen in Österreich besteht, jedoch keine dafür ausreichende inländische Produktion existiert. Allerdings geht die Porsche KG in Gmünd davon aus, mit dem derzeitigen Welt-Automobilmarkt nicht konkurrieren zu können. Statt einer vollständig eigenen Inlandsproduktion denkt Porsche an eine Montagewerkstätte mit teilweiser Eigenfabrikation, die an ein vorhandenes großes Automobilwerk in Europa angeschlossen sein könnte, von dem die Spezialteile geliefert werden. Am Standort Österreich könnten regional günstig bis zu 1000 Wagen je Monat produziert werden und neben dem Bedarf im Land wäre der weitere Absatz Richtung Osten zu befriedigen. Österreich als das Tor für Absatzmärkte in die Balkanländer, ja sogar den nahen Orient. In drei Stufen sollen bis zu 2.200 Mitarbeiter hier eine Arbeit finden. Im Visier der Überlegungen zur Zusammenarbeit ist das zurzeit modernste Automobilwerk Europas, gleichzeitig ein alter Bekannter: das Volkswagenwerk in Wolfsburg. Aus den Plänen wird nichts. Es ist nicht bekannt, ob es an der mangelnden Zustimmung aus Wolfsburg oder den zu ambitinierten Plänen Porsches liegt. Eine produktive Kooperation mit dem Volkswagenwerk bleibt zumindest in den Köpfen der Firmenleitung in Gmünd.

Durch die schwierige Auftragslage, Probleme bei der Materialbeschaffung in Österreich und geringe Nachfrage nach Entwicklungsdienstleistungen werden der Geschäftsleitung weitere Steine in den Weg Richtung Zukunft gelegt. Durch die österreichischen Verstaatlichungsgesetze von 1946 und 1947 werden deutsches Eigentum beschlagnahmt und Bankkonten gesperrt. Deshalb stehen der Firma die auf den Konten der Dr. Ing. h. c. F. Porsche KG vorhandenen Geldbeträge nicht zur Verfügung oder können nur nach schwierigen Verhandlungen mit den Ministerien und der Länderbank in kleinen Beträgen abgehoben werden. Die mangelnde Liquidität bereitet Porsche große Sorgen.

Cisitalia

Dann kommt ein Auftrag, der im Prinzip alles ändert. In Italien gründet Piero Dusio 1945 das Automobilunternehmen Cisitalia. Sein Geschäftsmodell ist der Aufbau kleiner Rennwagen aus Fiat-Bauteilen. Von ersten Erfolgen beflügelt, verfolgt Dusio höhere Ziele. Ihm schwebt ein eigener, konkurrenzfähiger Grand-Prix-Rennwagen vor. Im Spätsommer berät ihn Designer Giovanni Savonuzzi: »[…] wenn Du es richtig machen willst, brauchst Du entweder die Ingenieure von Daimler oder die Konstrukteure des Auto Union Grand Prix Wagens.«

Etwa zur gleichen Zeit im Spätsommer 1946 meldet sich Karl Abarth, verheiratet mit der

Der Typ 360 im Auftrag von Piero Dusio (Cisitalia) markiert den Wiederbeginn von Porsche nach dem Krieg (ca. 1947).

ehemaligen Sekretärin von Anton Piëch, bei Louise Piëch. Sie stellt den Kontakt zu Karl Rabe und Ferry Porsche her. Ferry Porsche darf nach seiner Freilassung aus der französischen Gefangeschaft im Frühjahr 1946 noch nicht uneingeschränkt reisen. In dieser Zeit vertraut er besonders auf seinen langjährigen, engsten Mitarbeiter Karl Rabe. Porsche und Rabe engagieren die alten Weggefährten des Konstruktionsbüros, Karl »Carlo« Abarth und Rudolf Hruska als Berater und Handelsvertreter für Italien. Schnell stellt das Duo den Kontakt zwischen der Porsche KG und Cisitalia her. Angebot und Nachfrage treffen aufeinander. So beauftragt Piero Dusio im Dezember 1946 Porsche mündlich mit der Entwicklung eine Grand Prix Rennwagens und eines Sportwagens für Cisitalia. Die Projekte erhalten die Porsche Typennummern 360 und 370, die entgegen der üblichen Reihenfolgen-Vergabe für größere Kundenprojekte reserviert sind. Im schriftlichen Vertrag vom 2. Februar 1947 wird zudem die Entwicklung eines Traktors sowie einer Wasserturbine vereinbart. Das alte Team von Ferdinand Porsche macht sich unter der Leitung seines Sohnes Ferry ans Werk. Der Porsche Typ 360 mit 180°-V-Motor ist technisch seiner Zeit weit voraus und beeindruckt durch höchste Ingenieurskunst. Ungewöhnlich für die Nachkriegszeit besteht der Grand-Prix-Wagen aus einer Magnesiumkarosserie und ist damit ultraleicht. Eberan von Eberhorst ist beratend beteiligt, sogar

Die Idee von Cisitalia lässt bei Ferry Porsche einen alten Traum wieder aufleben, den Bau eines Sportwagens auf Volkswagen-Basis.

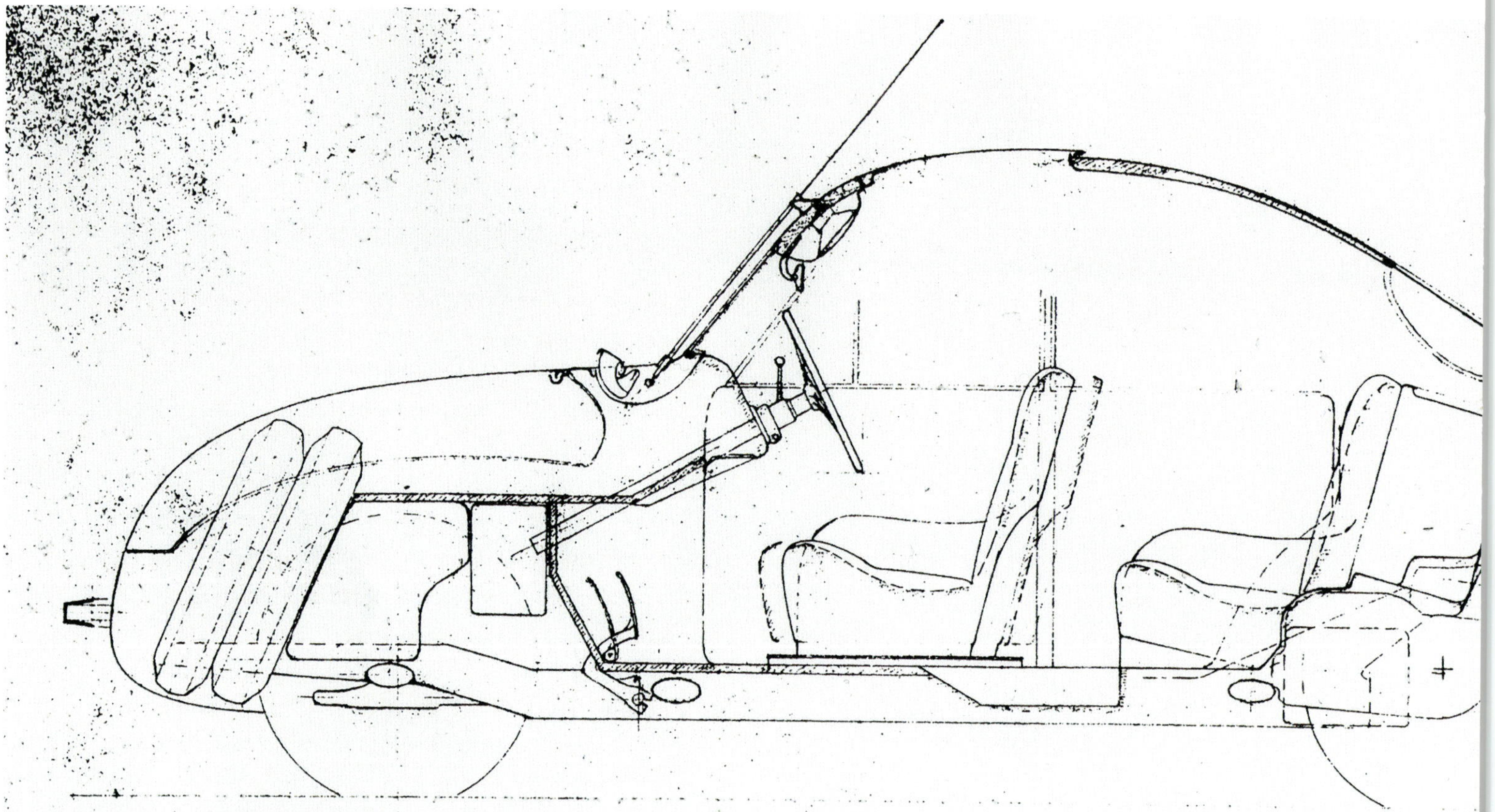

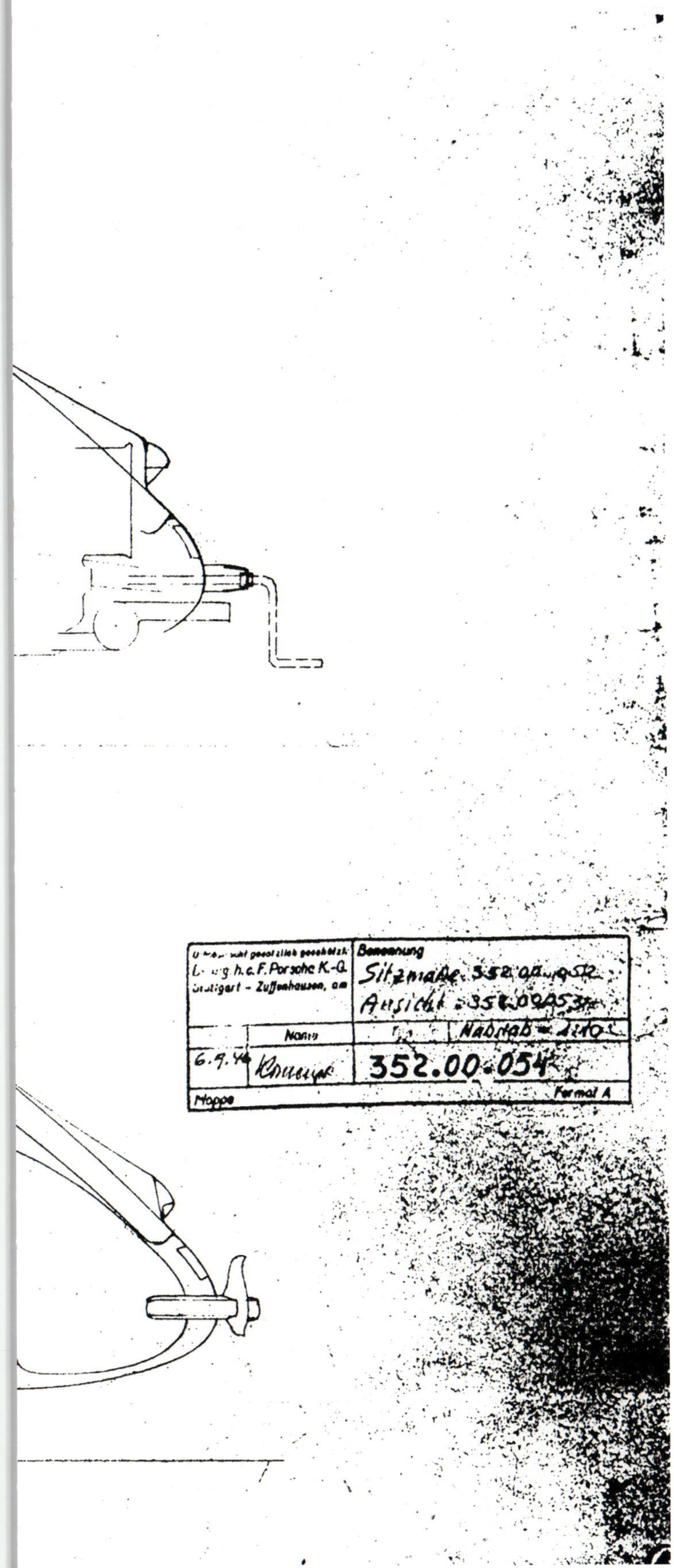

der spätere Porsche-Vorstandsvorsitzende Ernst Fuhrmann ist in das Projekt involviert.

Für Porsche lohnt sich die Arbeit. Es ist der erste große Auftrag nach Kriegsende und sichert damit die Beschäftigung der Mitarbeiter zumindest in großen Teilen. Mit den Einnahmen aus der Beziehung zu Dusio zahlt die Familie die Kaution zur Freilassung von Ferdinand Porsche und Anton Piëch aus französischer Gefangenschaft am 1. August 1947. Das Konstruktionsbüro Porsche findet zurück zu den Wurzeln. Die Mannschaft ist motiviert. Der leichte Typ 360 liefert technische Impulse mit Gitterrohrrahmen, Mittelmotor und die theoretischen Arbeiten am Typ 370 zeigen gestalterische Ansätze, die unverkennbar Anleihen des von Erwin Komenda gestalteten Porsche Typ 64 enthalten, des Stromlinienwagens VW-Sport für das geplante und dann abgesagte Rennen von Berlin nach Rom. Das Wichtigste, die Idee von Cisitalia, Sportwagen mit FIAT-Teilen zu bauen, lässt bei Ferry Porsche einen alten Traum wieder aufleben, den Bau eines Sportwagens auf Volkswagen-Basis.

Sportwagen für die Schweiz

Der Schweizer Geschäftsmann Rupprecht von Senger, ein Bekannter von Louise und Anton Piëch, meldet sich Mitte 1946 bei Ferry Porsche und Karl Rabe. Von Senger wünscht sich einen eigenen Sportwagen für die Schweiz. Bei Porsche wird dafür am 29. August 1946 die Typennummer 352 vergeben. Auf Arbeitsebene besprechen der Schweizer Mittelsmann zu Porsche, Heinz Höfer, und Karl Rabe die konstruktiven Details. Es entstehen Designskizzen, die deutlich die Porsche-Handschrift tragen. Viel mehr wird allerdings nicht aus einem Sportwagen für die

Unter der Typennummer 352 entstehen Pläne für einen Sportwagen für die Schweiz (1946).

Eidgenossen. Nach nur neun Monaten wird das Projekt eingestellt. Letztlich erkennen die Auftraggeber, dass die Entwürfe finanziell nicht zu stemmen sind und ziehen die Reißleine. Ein anderes Projekt der Porsche KG erweckt jedoch die Aufmerksamkeit von Rupprecht von Senger und des Financiers Bernhard Blank. Statt auf der Auftragsentwicklung eines eigenen Sportwagens zu beharren, verpflichten sie sich zur Abnahme von fünf Fahrzeugen eines Porsche-Eigenprojektes. Und tatsächlich zahlt Rupprecht von Senger am 10. Januar 1948 den Vorschuss auf diese fünf Fahrzeuge. Der Traum vom Schweizer Automobil wird gegen die Beteiligung an realen Fahrzeugen aus Österreich eingetauscht. Für Porsche bedeuten die Abnahmeverpflichtung und die Anzahlung, dass das finanzielle Risiko eines eigenen Sportwagens etwas geringer sein würde.

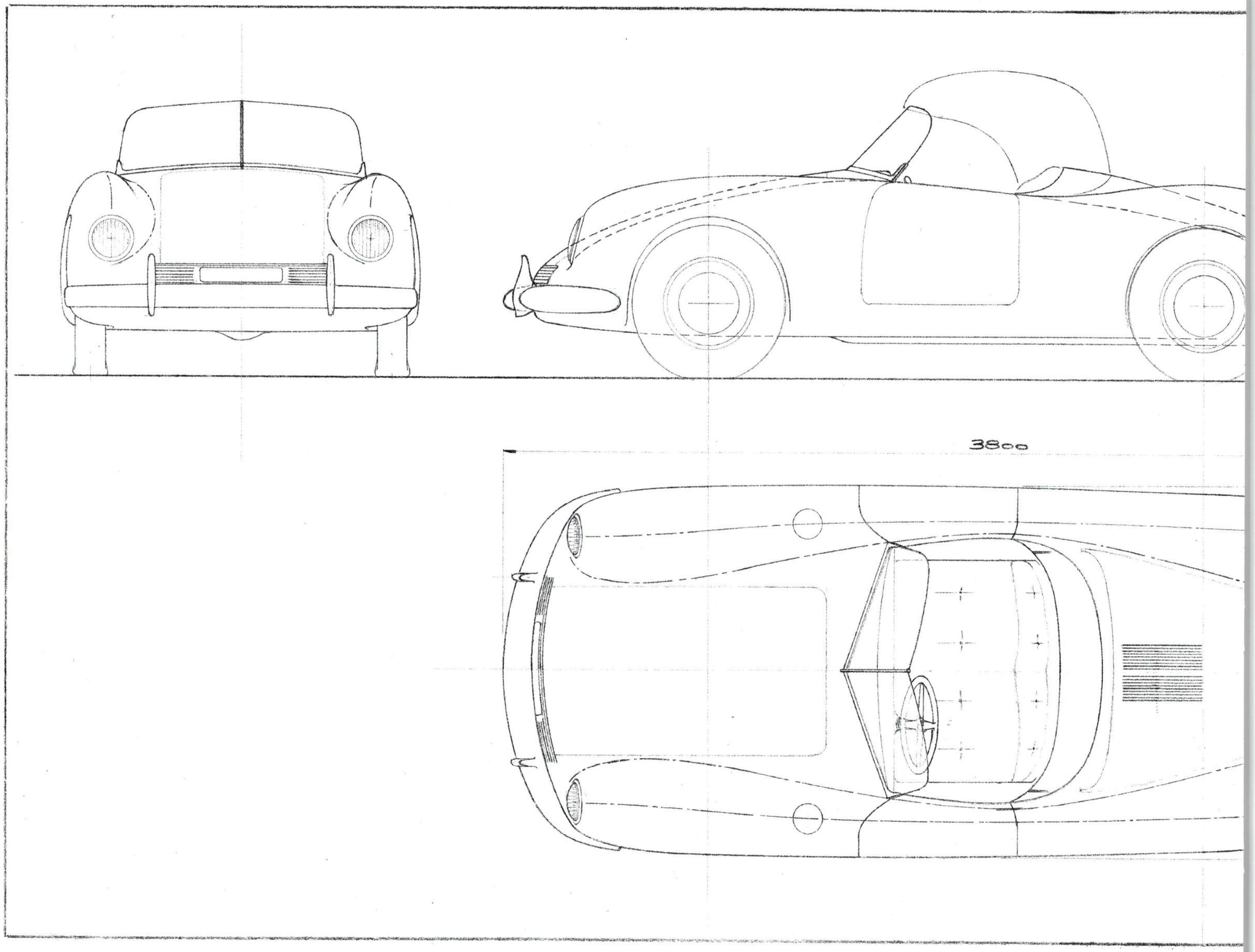

Der österreichische Volkswagen

Durch die alten Ideen zum Porsche Typ 64, eine Montagewerkstätte in Österreich in der mit Volkswagenteilen Fahrzeuge gebaut werden sollen, einen italienischen Unternehmer, der seinen Traum von Sportwagen unter eigenem Markennamen bereits realisiert hat, durch die Zahlungen zum Projekt 360 und eine Anschubfinanzierung auf noch nicht gebaute Fahrzeuge verdichten sich Vision und Wirklichkeit. Das unternehmerische Risiko einer Eigenentwicklung sinkt. Aus den Arbeiten zu den Typen 352, 360 und 370 zieht Porsche gestalterische und konstruktive Impulse. Porsche wagt den Schritt vom Entwicklungsdienstleister zum Fahrzeughersteller. Der Grundstein für die Anfänge der Marke Porsche ist gelegt. Ferdinand Anton Ernst »Ferry« Porsche und sein Team setzen ihre Vision in die Realität um. Endlich ist es an der Zeit, einen eigenen Sportwagen zu bauen.

Um dieses ehrgeizige Projekt starten zu können, schafft Porsche organisatorische Handlungssicherheit in Österreich. Einer drohenden Enteignung deutschen Firmeneigentums vorbeugend wird am 1. April 1947 die österreichische »Porsche Konstruktionen GmbH« mit Sitz in Gmünd gegründet, der offizielle Eintrag ins Handelsregister erfolgt am 24. April 1947. Die neue Gesellschaft unter Führung von Ferdinand Porsches Tochter Louise Piëch und Oberingenieur Karl Rabe (beide österreichische Staatsbürger) übernimmt sowohl die Belegschaft wie auch den Maschinenpark der in Österreich ansässigen Teilbereiche der Dr. Ing. h. c. F. Porsche KG.

Noch heißt das Projekt intern »VW Sport«. Am 11. Juli 1947 wird die Typnummer »356« für einen Mittelmotor-Roadster mit Gitterrohrrahmen als konstruktive Basis vergeben. Die langjährigen Mitarbeiter wie Karl Rabe, Erwin Komenda und Leopold Schmid machen sich ans Werk. Ferry Porsche vertraut auf die bewährten Kräfte aus dem Team seines Vaters und schafft es, die altgedienten und loyalen Mitarbeiter für seine Ideen zu gewinnen. Sie alle sind Spezialisten auf ihrem Gebiet, die ihr Können und Wissen in den Neuanfang des Unternehmens einbringen. Ergänzt wird das Team durch neue, junge Kollegen wie Walter Hüttisch. Von ihm

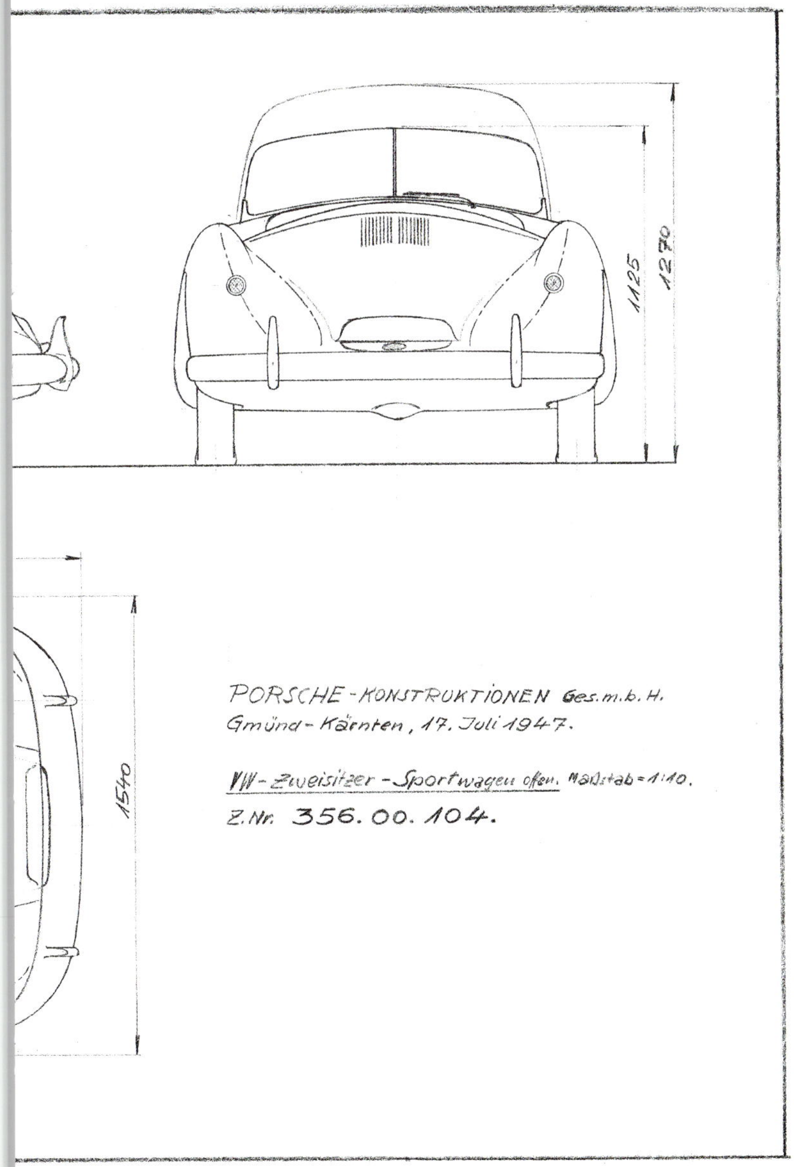

Das Cisitalia Prinzip: Mit Volkswagenteilen entsteht ein eigener Sportwagen unter der Typennummer 356.

Ferry Porsche schafft es, die altgedienten und loyalen Mitarbeiter für seine Ideen zu gewinnen.

stammen die ersten Entwürfe eines offenen »Sportwagenzweisitzers«. Die finale Form ist noch nicht gefunden, im Juli 1947 zeigt eine Zeichnung der Porsche Konstruktionen Ges.m.b.H nun einen »VW-Zweisitzer-Sportwagen offen« als Basis für die weiteren Entwicklungen. Das Gewicht der leichten, aber sehr stabilen Konstruktion aus Stahlrohren wird mit 80 kg bis 90 kg berechnet. Der Tank soll 40 Liter fassen und neben dem Fußraum des Beifahrers untergebracht werden, Batterie und Werkzeugkasten befinden sich seitlich des Mittelmotors. Die Konzentration der schweren Bauteile zwischen den Achsen verspricht ein ausgewogenes Fahrverhalten. Nicht nur die verschiedenen Versuche und Modellvarianten, sondern auch die Bezeichnungen in Verbindung mit Volkswagen zeigen, dass noch nicht ganz klar ist, wohin die Reise gehen wird. Sicher ist: ohne die Zustimmung, Unterstützung und Teilelieferung aus Wolfsburg wird in Gmünd kein Auto gebaut.

Parallel zum Aufbau des ersten Fahrzeugs des neuen Typs (356/1) entsteht eine zweitürige Coupé-Version mit Kastenrahmen und Heckmotor (356/2). Diese Version soll ebenfalls als Cabriolet-Variante gebaut werden. Beide werden etwas mehr Platz im Innenraum für Gepäck oder Mitfahrer bieten. Wenngleich der Mittelmotor ein typisches Porsche-Konstruktionsprinzip darstellt, sind die Konstrukteure alles andere als unerfahren, was die Heckmotor-Lage betrifft. Letztlich ist diese der Kompromiss in Hinblick auf die Nachfrage. Porsche muss davon ausgehen, dass in der direkten Nachkriegszeit der Bedarf an kleinen sportlichen – und vermutlich relativ teuren – Fahrzeugen grundsätzlich überschaubar ist. Europa hat mit anderen Sorgen zu kämpfen.

Die Basisdaten der technischen Entwicklung stehen 1947 fest, der Antrieb kommt von Volkswagen. Der leicht veränderte Vierzylindermotor erzielt eine im Vergleich zum Volkswagen gesteigerte Leistung von 35 PS. Stellt die Lage in den Kärtner Bergen das Team hinsichtlich vieler Themen wie der Materialversorgung oder der Infrastruktur im Betrieb immer wieder vor Herausforderungen, so hat die Umgebung durchaus Vorteile. Schon Ferry Porsche fuhr in die Region, um am Großglockner und Katschberg die Prototypen des Porsche Typ 60 zu testen. Nun steht die bergige Landschaft mit kurvenreichen Passstraßen der Versuchsmannschaft zum Sportwagenprojekt 356 ohne große Anreise zur Verfügung.

Währenddessen in Stuttgart

An eine Wiederaufnahme unternehmerischer Tätigkeiten ist bei Porsche in Stuttgart noch nicht zu denken. Das Werk 1 ist von den Amerikanern besetzt. Trotz der regelmäßigen Mieteinnahmen sind Porsche in der unternehmerischen Heimat die Hände gebunden. Am 7. Februar 1947 stellt das Amt für Vermögensverwaltung das gesamte Vermögen der Firma (abgesehen von Grundstück und Gebäude) unter »Property Control«. Die Militärverwaltung bestellt den früheren Einkaufsleiter Karl Kirn zum Treuhänder der Porsche KG. Bereits im Januar 1938 begann seine Arbeit für das Konstruktionsbüro. Kirn genießt also nicht nur das Vertrauen der Behörden, auch der Kontakt zur Familie Porsche reißt nicht ab: »Trotz der vorübergehenden Abwesenheit der Firmeninhaber haben diese während der gesamten Dauer meiner Treuhändertätigkeit ständig Einfluss auf die Leitung des Betriebes genommen. Ich kann ausdrücklich versichern, dass von mir sämtliche Fragen, soweit sie nicht rein verwaltungstechnischer Natur waren, mit den Firmeninhabern besprochen, bzw. durch Briefwechsel geklärt wurden.« Zumindest die Kommunikation ist intakt. Porsches Finanzchef Hans Kern ist regelmäßig zwischen Stuttgart und Gmünd unterwegs und berichtet Ferry Porsche und seinem Team über die Gespräche mit Karl Kirn. Karl Rabe notiert in seinem Tagebuch dazu: »in Stuttgart bleibt vorläufig alles beim Alten.«

1948

Zum Jahresbeginn 1948 beträgt die Belegschaftsstärke der Porsche Konstruktionen GmbH insgesamt 76 Angestellte, 175 Arbeiter und 38 Lehrlinge, und damit 289 Personen und deren Familien, die hier an der Zukunft des Betriebes arbeiten, selbst wenn die Gegenwart alles andere als rosig aussieht. Auf der Produktionsseite kämpft die Firma mit Materialknappheit, insbesondere die Werkstoffe für die nach wie vor angebotenen Bergbauern-Seilwinden sind so gut wie nicht erhältlich. Auf der Nachfrageseite besteht zwar der Bedarf an den Erzeugnissen, die Landwirte der Umgebung können sich diese allerdings schlichtweg nicht leisten. Bezüglich der in Gmünd in hoher Stückzahl produzierten Mähfinger sieht es ähnlich aus. Im Tätigkeitsbericht für die alliierte Kommission, den Karl Rabe regelmäßig zur Information an die Besatzungsmächte verfassen muss, werden für die Zeit vom 6. Dezember 1947 bis zum 5. Januar 1948 insgesamt 4.980 produzierte Mähfinger gemeldet, die meisten gehen jedoch ins Lager. Der Betrieb hält sich mit Fahrzeug-Ersatzteilen für die Bahn und Post sowie wenigen Reparaturen und Instandsetzungen von Fahrzeugen über Wasser. An Ideen und Projekten im Konstruktionsbüro mangelt es nicht, es kommt jedoch im Tagesgeschäft kein Geld rein. Finanzchef Kern versucht durch eine Preissenkung der Seilwinden um 25 Prozent, den Absatz anzukurbeln; leider erfolglos. Die Seilwindenfertigung läuft Ende Februar 1948 aus.

Die finanzielle Lage des Betriebs ist angespannt, die Lohnauszahlungen gefährdet. Noch reichen die wenigen Einkünfte und eine finanzielle Absicherung von Rupprecht von Senger aus Zürich, die Fertigstellung des ersten Motors für den »VW Sport Typ 356« zu sichern und das Fahrgestell mit Gitterrohrrahmen wird fertiggestellt. Motor, Getriebe Vorder- und Hinterachse werden ein- und angebaut. Am 5. Februar 1948 fährt Ferry Porsche erstmals den neuen Sportwagen. Die Karosserie entsteht parallel dazu am Zeichenbrett des Konstruktionsbüros. Von Senger ist nicht nur Finanzier der ersten Stunde des Sportwagenprojekts, er besucht regelmäßig das Werk in Gmünd und bespricht technische sowie gestalterische Details. Zudem vermittelt von Senger die Lieferung der benötigten Aluminiumbleche aus der Schweiz, da diese Rohstoffe in Österreich nicht erhältlich sind. Das Warenverkehrsbüro hat bereits seine Genehmigung erteilt, sodass nicht nur die Aggregate, sondern zudem die Außenhaut-Aufbauten in Gmünd entstehen können. Die Bedingung für die behördliche Zustimmung lautet, dass die produzierten Fahrzeuge ausschließlich im Ausland verkauft werden dürfen. Nicht nur die Firma, auch das Land plagen Geldsorgen, ausländische Devisen werden dringend benötigt.

Am 5. Februar 1948 fährt Ferry Porsche erstmals den neuen Sportwagen. Die Karosserie entsteht parallel dazu am Zeichenbrett des Konstruktionsbüros.

Das Projekt 356 steckt in den Kinderschuhen, die größeren Hoffnungen die Zukunft betreffend liegen (noch) in der Zusammenarbeit mit Piero Dusio und den Entwicklungen für Cisitalia. Am Grand-Prix-Rennwagen Typ 360 wird mit Hochdruck gearbeitet. Die Entwicklung zum Porsche Typ 370, einem Achtzylinder-Straßensportwagen für Cisitalia, bestimmt die Arbeit im Konstruktionsbüro. Wenngleich die Aufträge aus Norditalien sämtliches Wissen und Fähigkeiten

Volkswagen Generaldirektor Heinrich Nordhoff verhandelt mit Ferry Porsche (r.) die Absicherung der Sportwagenproduktion (hier 1952).

der Konstrukteure in Kärnten abverlangen und Dusio hohe Stückzahlen für einen weiteren von Porsche zu konstruierenden Straßen-Tourenwagen verspricht, intern als Typ 372 bezeichnet, ist die finanzielle Lage von Piero Dusio ernst. Es scheint, als ob er sich mit diesen ambitionierten Projekten übernommen hat. Für Porsche wird dadurch die Situation nicht besser. Laufende Aufträge, deren Finanzierung wackelt, kaum Nachfrage nach den bestehenden Erzeugnissen, ein hoher Mitarbeiterstand und Probleme bei der Materialbeschaffung. Es bleibt die Vision des eigenen Sportwagens. Es sind dazu allerdings immer noch gewaltige Hürden zu überwinden. Das Verhältnis mit Volkswagen muss geklärt werden, ohne die Zustimmung und Unterstützung aus Wolfsburg scheitert das Projekt, bevor es richtig angefangen hat.

Am 7. November 1947 bestellt die britische Kontrollkommission auf Vorschlag des aktuellen Verwalters Ivan Hirst den ehemaligen Opel-Manager Heinrich Nordhoff zum Generaldirektor der Volkswagenwerke in Wolfsburg. Tatsächlich beginnt Nordhoff am 1. Januar 1948 seine Arbeit. Es dauert nicht lange, bis diese Personalie in Gmünd bekannt wird. Ferry Porsche kennt und schätzt Nordhoff aus dessen Zeit für Opel. Endlich gibt es mit dem neuen Management in Wolfsburg einen Ansprechpartner für Porsche, der sich für die Klärung des Vertragsverhältnisses zwischen Porsche und Volkswagen, das noch aus der Vorkriegszeit besteht, einsetzt. Bislang fühlte sich dort niemand zuständig, die Altverträge und darüber hinaus die künftige Zusammenarbeit sowie die Teilelieferung aus Niedersachsen zu regeln. Im April 1948 reist Ferry Porsche nach Stuttgart und weiter ins Volkswagenwerk. Er berichtet von gutem Erfolg der dortigen Gespräche. Porsche bekommt VW-Teile gegen Dollar und die Aussichten auf weitere vertragliche Klärungen stehen gut.

Der Porsche 356/2

Während sich Ferry Porsche um die strategischen Weichenstellungen mit dem Volkswagenwerk kümmert, gehen die Arbeiten am »VW-Sport« in Gmünd voran. In Kärnten gibt es dazu personelle Veränderungen. Am 19. März 1948 wechselt Otto Husslein von der Zündapp

GmbH in Nürnberg in das Gmünder Konstruktionsbüro. Er übernimmt dort die Stelle des Betriebsleiters Emil Rupilius, der sich nun intensiv um die Versuchsfahrten kümmern kann. Otto Husslein wird umgehend in das Projekt Typ 356 integriert, er unterstützt die Fahrer bei den Testfahrten und führt neben der Betriebsleitung vor Ort Gespräche mit potenziellen Kunden und Lieferanten.

Die Materialbeschaffung der Aluminiumbleche über Rupprecht von Senger aus der neutralen Schweiz sichert die Produktion der Prototypen. Für eine größere Fertigung von Karosserien werden diese Blechlieferungen jedoch sehr wahrscheinlich nicht reichen, zudem sind die Kapazitäten in Gmünd nicht auf die Herstellung der Aufbauten in Serienmanufaktur ausgerichtet. Bereits im April 1948 finden Gespräche mit dem früheren Einkaufsleiter im Volkswagenwerk, Herrn Haan, statt. Dieser ist nun bei Tatra in Wien beschäftigt und damit ein möglicher zukünftiger Kooperationspartner im Bereich Karosseriebau.

Für die Herstellung der ersten Karosserien in Gmünd ist derweil Friedrich Weber der richtige Mann vor Ort, nachdem er seit April 1948 bei Porsche eingestellt ist. Weber hatte bereits 1922 als Lehrling bei Austro-Daimler angefangen. Ferdinand Porsche soll ihm dort geraten haben, Karosserieflaschner zu lernen. Nun profitiert das Konstruktionsbüro Porsche von den handwerklichen Fähigkeiten Friedrich Webers. Von Hand treibt er die Bleche in die Form, die bislang nur auf dem Papier existiert. Für die Fertigstellung der Prototypen-Karosserie benötigt er zwei Monate. Eine außerordentliche Leistung, für eine Serienfertigung ist diese Dauer allerdings nicht wirtschaftlich. Die Herstellungszeiten werden bei den folgenden Karosserien deutlich reduziert. Unter einer Woche ist es jedoch nicht möglich, alle erforderlichen Teile von Hand zu produzieren.

Bereits früh ist neben dem Roadster mit Gitterrohrrahmen ein zweites Modell des Porsche 356 in Planung und Arbeit. Mit diesem, intern »356/2« genannten Typ kehrt Porsche zu bewährten Konstruktionsprinzipen zurück. Der Motor befindet sich hinter der Hinterachse. Obwohl der Rahmen in Kastenbauweise aus Stahlblech gefertigt wird, ist er so leicht, dass ihn zwei Mitarbeiter heben können. Mit dem Aufbau aus Aluminium berechnet Karl Rabe das Gewicht dieses Typs über 60 kg höher gegenüber der Roadster-Variante. Die Coupés dieses Typs, für die von Anfang an ergänzend eine Cabriolet-Version geplant ist, bedeuten nicht nur eine Neukonstruktion von Grund auf, sondern durch das höhere Gewicht eine veränderte technische Ausstattung. Ein Beispiel ist die erforderliche neue hydraulische Bremsanlage der Firma Lockheed in England.

Nach Intervention durch den Betriebsrat sieht die reguläre Arbeitszeitenregelung der Porsche Konstruktionen GmbH vor, dass ab April 1948 montags von 7.30 Uhr bis 17.00 Uhr, dienstags von 7.00 Uhr bis 17.00 Uhr, mittwochs von 7.00 Uhr bis 18.00 Uhr, donnerstags und freitags wieder von 7.00 Uhr bis 17.00 Uhr gearbeitet wird. Der Samstag ist regulär kein Arbeitstag, in Summe beträgt die Regelarbeitszeit damit 48 Stunden in der Woche. Allerdings sind die laufenden Arbeiten für Piero Dusio und die Konstruktion und Herstellung der Sportwagen-Prototypen ohne Überstunden nicht durchzuführen. So arbeitet Karl Rabe täglich ab 7.00 Uhr an Rahmenstudien zum Typ 356. Auch Walter Hüttisch,

Mit dem Typ »356/2« kehrt Porsche zu bewährten Konstruktionsprinzipen zurück. Der Motor befindet sich hinter der Hinterachse.

Die Fertigung der Porsche-Coupé-Karosserien erfolgt zeitgleich zum 356 »Nr.1« Roadster.

Karl Motzelt und Fritz Blaschka arbeiten an diesem Typ. Mit Erwin Komenda bespricht Karl Rabe ausführlich den Stand der Arbeiten; der Seniorchef Ferdinand Porsche wird regelmäßig auf dem Laufenden gehalten. Wenngleich er nicht täglich im Konstruktionsbüro ist, betrachtet er mit Sorge die Entwicklungen, schließlich steht der von ihm gegründete Betrieb vor der Frage, ob die Visionen zur Zukunft die harte Realität der Geldsorgen überstehen.

Mitte Mai 1948 zeigt sich, wie nah Freud und Leid zusammenliegen können. Während der offene Sportwagen gewogen und fertig grundiert erstmals von Ferry Porsche gefahren wird, findet am Nachmittag des gleichen Tages ein Betriebsappell im Konstruktionsbüro statt, bei dem Entlassungen der Belegschaft bekannt gegeben werden.

Nur mit geringem Zeitversatz zum Fortschritt des Roadsters finden ebenfalls die ersten Probefahrten mit dem Blechrahmen-Prototypen 356/2 statt. In der Modelltischlerei entsteht auf Basis der Zeichnungen ein Holz-Klopfmodell für die Limousine. Auf diesem Modell wird die Außenhaut nicht direkt in Form gebracht, es dient den Karosserieflaschnern dazu, immer wieder die in Arbeit befindlichen Teile an die Holzspanten zu halten, um auf diese Weise Abweichungen zur geplanten Form feststellen und beheben zu können. Nicht nur in der Fertigung ist Können, Geschick und Kreativität bei der Überwindung kleinerer Probleme gefragt. Die Teilebeschaffung lässt die Führungsmannschaft ungewöhnliche Wege gehen. Es ist nicht ausgeschlossen, dass Spezialzündkerzen in den Hosentaschen der zwischen Stuttgart und Gmünd reisenden Mitarbeiter ihren Weg nach Gmünd über die Grenze finden. Stück für Stück nähern sich die beiden Prototypen des Roadsters und des Coupés ihrer Fertigstellung.

Die Geburtsstunde der Marke

Am 8. Juni 1948 ist es dann endlich so weit. Der Porsche 356 »Nr. 1« Roadster erhält seine allgemeine Betriebserlaubnis. Die ersten Bilder des Wagens werden veröffentlicht. Die Presse zeigt sich beeindruckt, kann das Ergebnis jedoch nicht immer korrekt einordnen und bezeichnet den ersten Porsche mitunter als österreichischen Volkswagen. Am Ende wird klar, dass dieser kleine und schnittige Roadster der Beginn einer Sportwagenmarke unter eigenem Namen ist: Porsche ist wieder da.

Mit der Abnahmeverpflichtung und den bereits geleisteten Anzahlungen im Januar 1948 hat Rupprecht von Senger entscheidenden Anteil daran, dass Porsche so weit kommt. Nun legen die Herren Höfer und von Senger nach und avisieren einen Vertrag zur Lieferung von 50 Sportwagen in die Schweiz. Ebenso setzen sich die beiden dafür ein, dass die Cabriolets des Porsche 356/2 bei Beutler in Thun karosseriert werden können.

In Turin beobachtet Piero Dusio die Entwicklungen mit größter Skepsis. Er schreibt Anfang August Ferry Porsche und drückt sein ausdrückliches Missfallen gegenüber dem Entwicklungspartner aus. Mit Porsche hat er andere, größere Pläne und befürchtet nun, dass diese durch die Fokussierung auf den eigenen Sportwagen leiden. Gegen den Aufbau von Prototypen hat Dusio keine Einwände, jedoch eine Serienproduktion von 50 Stück oder mehr, wie er es der Presse entnommen hat, schadet aus seiner Sicht der Zusammenarbeit. Das Konstruktionsbüro möchte diese nicht gefährden, ist sich bedingt durch die Kenntnis der finanziellen Lage von Dusio zugleich jedoch bewusst, dass dies nicht das einzige Projekt

Erwin Komenda hat als Konstruktionsleiter maßgeblichen Einfluss auf die Formensprache der Sportwagenmarke Porsche (hier ca. 1933).

sein kann, auf dem die Zukunft von Porsche liegt. Die Antwort an Dusio fällt dementsprechend freundlich und zugleich relativierend aus. Da es sich nur um eine kleine Serienanzahl und um Sportwagen handelt, die in keiner Weise mit den Cisitalia-Wagen in Konkurrenz stehen, müsse sich Dusio keine Sorgen machen. Zudem verweist Porsche auf eine gewisse »journalistische Polemik« um den neuen Porschewagen herum, die weniger mit dem Sportwagen selbst als vielmehr mit den Konstruktionsprinzip des Volkswagens zu tun hätte, das hier wieder aufgegriffen wurde.

Im Dezember reisen Ferry Porsche und Karl Rabe nach Turin, um dort persönliche Gespräche mit Piero Dusio und weiteren Beteiligten zu führen. Auf dem Weg nach Norditalien kommt ein Unterstützer für die anstehenden Verhandlungen hinzu. Ferry Porsche bittet seinen ehemaligen Schulfreund Albert Prinzing, die Gespräche mit seiner wirtschaftlichen Expertise zu begleiten. Letztlich erkennt die Delegation die Situation bei Cisitalia und spricht offen von der Konkursgefahr Dusios. Tatsächlich bewahrheiten sich die Befürchtungen. Zwar ist zum

Das erste Fahrzeug unter eigenem Markennamen, der Porsche 356 »Nr.1« Roadster, bleibt ein Einzelstück.

Jahreswechsel 1947/48 der erste (und einzig komplette) Typ 360 fertig. Zum Bau des Sportwagens Typ 370 kommt es nicht mehr. Dusio geht das Geld für die teure Entwicklung aus, Cisitalia geht in die Insolvenz.

Hatte der Auftrag von Dusio den Neustart von Porsche nach dem Krieg erheblich positiv beeinflusst und waren die gewonnen technischen Erkenntnisse für Porsche von hohem Wert, hätte eine einseitige Fokussierung auf die Zusammenarbeit mit Dusio Ende 1948 mit dem Konkurs von Cisitalia auch das mögliche Ende von Porsche bedeutet. Umso mehr rechnet es sich nun, neben den Entwicklungsarbeiten für Cisitalia weitere Konstruktionen in Arbeit zu haben.

Heckantrieb

Nach Fertigstellung des Roadsters Typ 356 erhält der Prototyp der 356/2 Limousine am 7. August die Typenbescheinigung durch den Landeshauptmann in Klagenfurt. Damit ist die Typenbezeichnung »Sportwagen Typ 356/2« behördlich für das »Fahrgestell des Personenkraftwagen-Sportzweisitzer mit luftgekühltem Boxermotor im Heck«

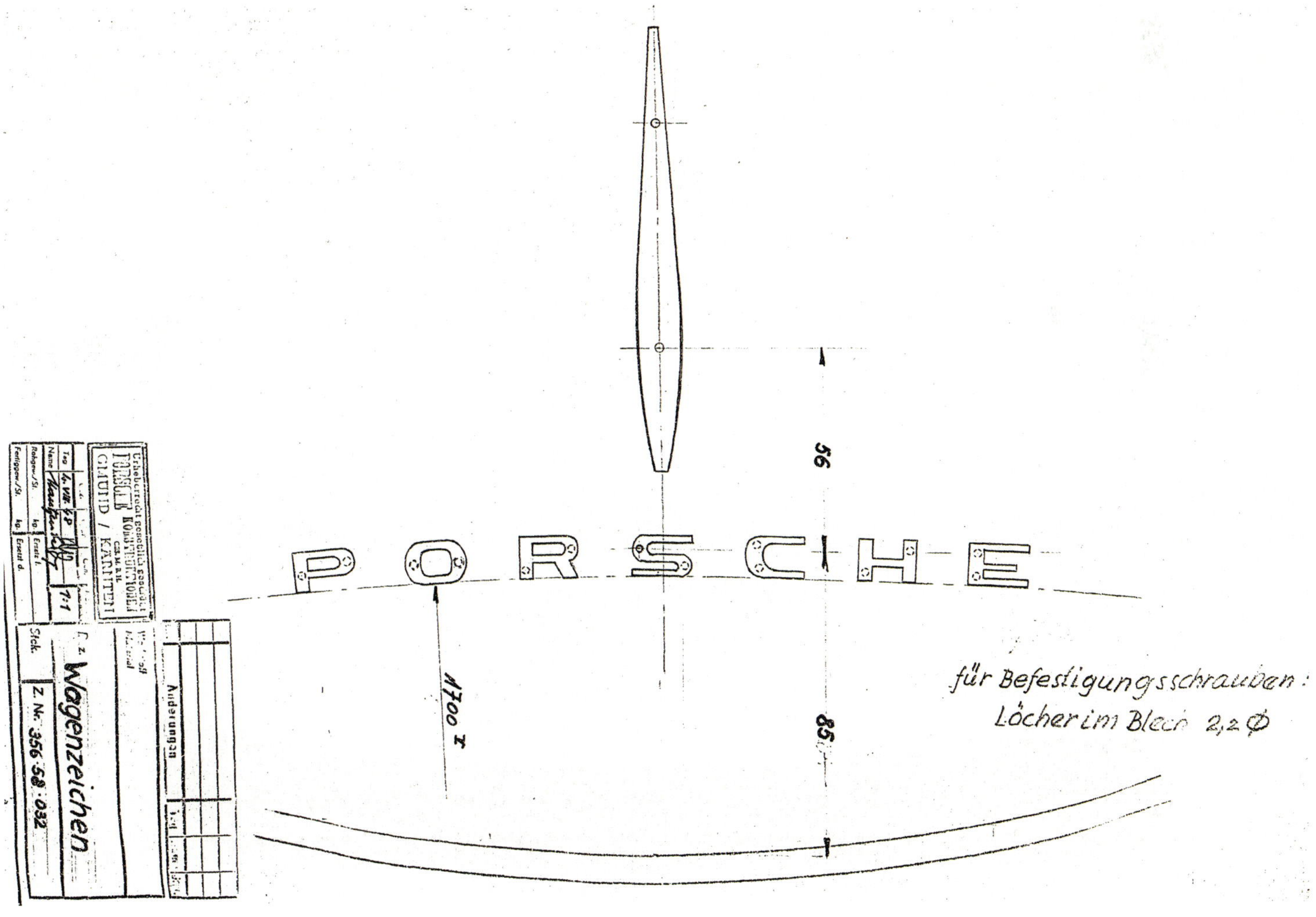

Sieben einzeln verschraubte Buchstaben machen die Sportwagen aus Gmünd fortan als Porsche erkennbar.

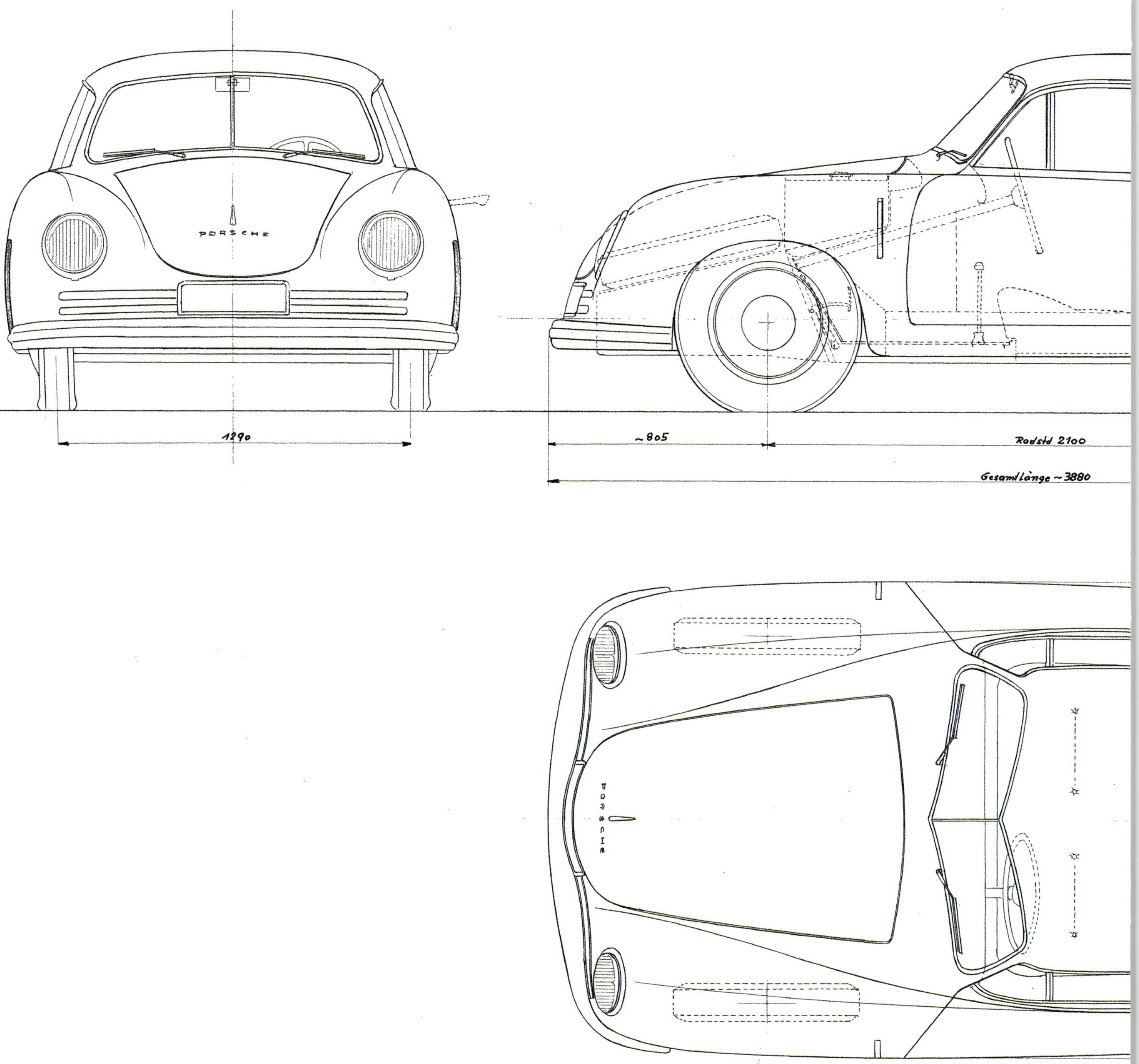

»Sport-Limousine 2sitzig« vom 3. Juni 1948, Zeichner: Karl Motzelt.

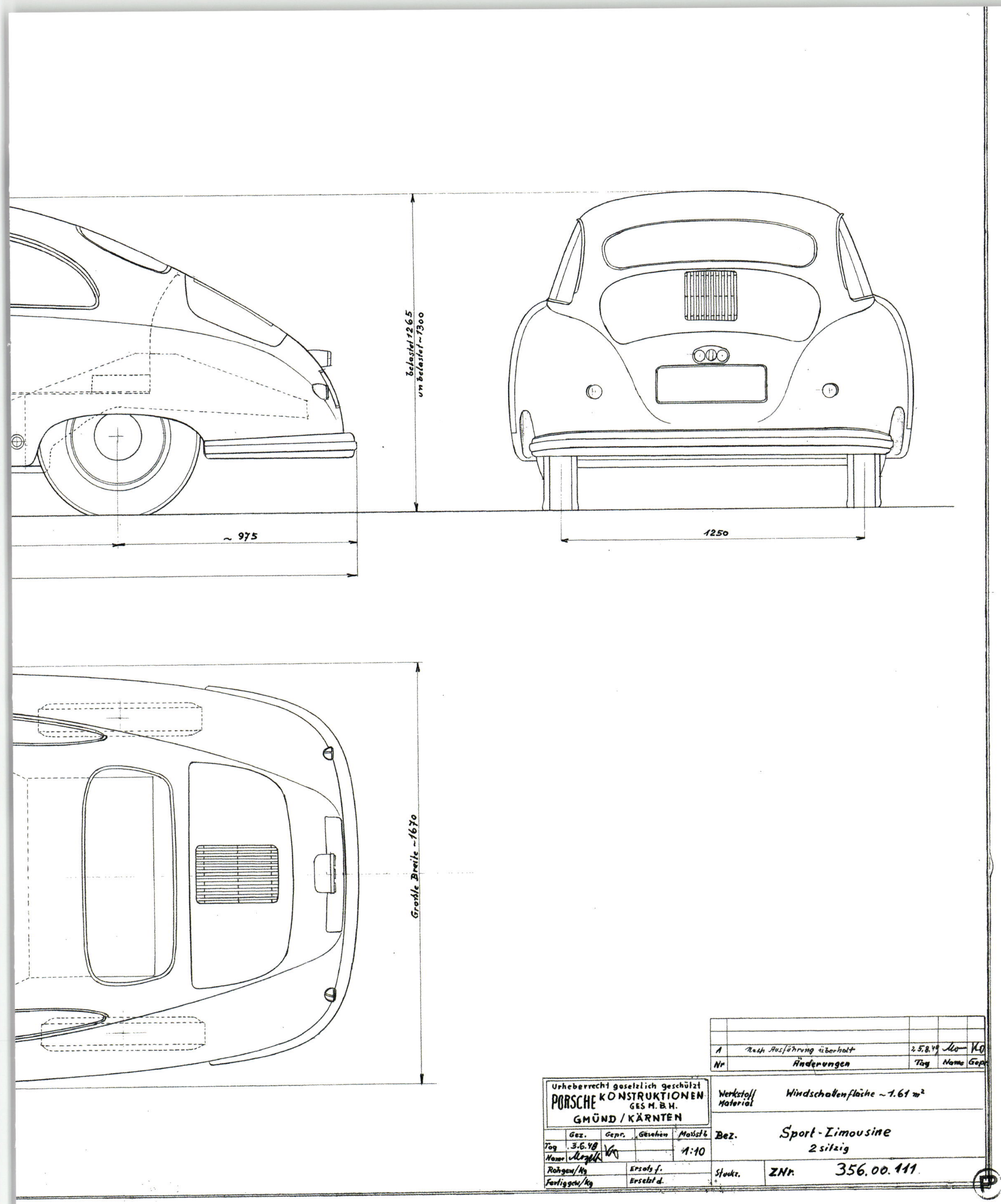
belastet 1265
unbelastet ~1300
~ 975
1250
Grösste Breite ~1670
1 Nach Ausführung überholt 25.8.49
Nr Änderungen Tag Name Gep
Urheberrecht gesetzlich geschützt
PORSCHE KONSTRUKTIONEN GES. M. B. H.
GMÜND / KÄRNTEN
Gez. Gepr. Gesehen Maßstb
Tag 3.6.48
Name
1:10
Rohgew/Kg
Fertiggew/Kg
Ersatz f.
Ersetzt d.
Werkstoff Material
Windschattenfläche ~1.61 m²
Bez.
Sport-Limousine
2 sitzig
Stückz.
ZNr. 356.00.111

Der 356/2 bedeutet die Grundlage einer erfolgreichen Sportwagenfirma, die sich Ferry Porsche möglicherweise nicht hätte träumen lassen.

der Porsche Konstruktionen Ges.m.b.H. in Gmünd/Kärnten vergeben. Der Porsche 356/2-001 wird Mitte August in der Lackiererei Straner in Spittal an der Drau lackiert und ist am 27. August 1948 zurück in Gmünd. Noch am gleichen Tag bricht Ferry Porsche mit dem neuen Coupé nach Zell am See auf, kehrt allerdings aufgrund eines Motordefekts umgehend nach Gmünd zurück. Dort im Werk wird das Fahrzeug überprüft und ist bereits am kommenden Tag wieder einsatzbereit. Kleinere Kinderkrankheiten können den Erfolgszug des Porsche 356 nicht aufhalten. Der Mittelmotor-Roadster in Leichtbauweise und mit Gitterrohrrahmen nimmt konstruktive Merkmale des Auto Union Rennwagens aus der Vorkriegszeit sowie des Porsche Typ 360 auf, bleibt jedoch ein Einzelstück. Der Porsche 356/2 mit dem Volkswagenmotor im Heck und der Möglichkeit wenigstens zwei kleinen Passagieren im Fond die Mitfahrt zu ermöglichen, wird die Basis für den späteren Erfolg für Porsche. Dieser Prototyp vom August 1948 wird zur Blaupause der in Stuttgart in Serie produzierten Fahrzeuge. Gegenüber allen anderen Unternehmungen und Projekten wird sich dieses Modell mit angepasster Technik und einer in größerer Stückzahl wirtschaftlich zu produzierender Form durchsetzen. Der 356 »Nr.1« Roadster ist die Umsetzung von Ferry Porsches Traum eines eigenen Sportwagens. Der Porsche 356/2 und die daraus abgeleiteten Fahrzeuge aus deutscher Produktion ab 1950 bedeuten die Grundlage einer erfolgreichen Sportwagenfirma, die sich Ferry Porsche möglicherweise nicht hätte träumen lassen.

Der Roadster begründet die Markengeschichte, das Coupé Typ 356/2 ist der Grundstein des Erfolgs des Unternehmens (1948).

Lösungsansätze zur Rettung

Bis es so weit ist, holt die Realität die Geschäftsführung in Gmünd wieder ein. Die Finanzierung der laufenden Projekte sowie die Auszahlung der Löhne und Gehälter an die Mitarbeiter ist akut gefährdet. Der aussichtsreichste Weg dies zu ändern, liegt für Ferry Porsche in der Klärung der Geschäftsbeziehung mit Volkswagen. Nachdem die Teilelieferung grundsätzlich besprochen ist, geht Ferry Porsche nun das Thema der Lizenzzahlungen an. Er trifft sich am 16. September mit Direktor Nordhoff in Bad Reichenhall zu diesbezüglichen Gesprächen. Bereits am darauffolgenden Tag liegt ein umfassendes Konzept vor, das beide Parteien vertraglich festhalten und unterschreiben. Mit dem Vertrag vom 17. September 1948 regeln die Volkswagenwerk GmbH in Wolfsburg und die Porsche Konstruktionen GmbH in Gmünd die Fortentwicklung des Volkswagens einschließlich Nebentypen und Sonderaggregaten. Das Volkswagenwerk ist bereit, Porsche bei Entwicklungsarbeiten durch Erteilung von Aufträgen zu beteiligen. Porsche wird seine Erfahrung, Kenntnisse, Ideen und Unterlagen dafür zur Verfügung stellen. Die Aufgabenstellung sowie der Umfang der Arbeiten werden im Einzelfall vom Volkswagenwerk bestimmt. Die für diese Arbeiten an Porsche zu zahlenden Vergütungen werden jeweils von Fall zu Fall vereinbart.

Weiterhin wird das Thema der zu zahlenden Lizenzen an Porsche durch die Volkswagenwerk GmbH vertraglich festgelegt. Die Grundlage für diesen Teil der neuen Vereinbarung ist ebenfalls der im Jahr 1937 abgeschlossene Entwicklungs- und Lizenzvertrag, nach dem Porsche die Weiterentwicklung des Volkswagens leitet. Hierfür sind Kosten für Entwicklungen und Konstruktionsleistungen aufzubringen. Der Volkswagen der Nachkriegszeit geht auf eine Porsche-Konstruktion aus der Vorkriegszeit zurück. Volkswagen-Direktor Nordhoff stimmt einer Lizenzzahlung in Höhe von einem Prozent des Bruttolistenpreises pro Wagen zu. In die neue Währung umgerechnet bedeutet das eine Lizenz von 4,80 DM pro Wagen, der im Inland verkauft wird und 3,116 DM für Exportfahrzeuge sowie 1,29 DM für Einbaumotoren. Für Porsche bedeutet dies finanzielle Sicherheit. Ferry Porsche beschreibt diese Vereinbarung als »die Lösung des Hauptproblems«.

Ferry Porsche berichtet dementsprechend hochzufrieden über die Ergebnisse, denn neben abrechenbaren Konstruktionsaufträgen aus Wolfsburg, zu erwartenden regelmäßigen Lizenzzahlungen und der Fixierung der Lieferung von Teilen für die eigene Sportwagenproduktion, ist Klarheit in weiteren Bereichen erzielt. Die von der Firma Porsche gefertigten Autos können über das VW-Händlernetz verkauft und über die Service-Organisation des Werkes gewartet werden. Damit sind entscheidende Fragen des Vertriebs und des Kundendienstes geklärt. Ganz nebenbei erhält Porsche die Generalvertretung für den Volkswagen für Österreich.

Die Finanzlage scheint sich mit den Absprachen mit Volkswagen absehbar zu verbessern, dennoch ist fernab der schwäbischen Betriebsstätten Sparen angesagt. Der Grad der Eigenfertigung kann ein bestimmtes Maß nicht übertreffen. Noch ist jedes gebaute Fahrzeug ein Einzelstück. In den Anfängen des Automobilbaus lieferten die Hersteller Motor und Chassis, die Aufbauten wurde nach Wünschen und finanziellen Möglichkeiten der Kunden bei einem Karosseriebetrieb hergestellt. Gepaart mit den Schwierigkeiten, Leichtmetall in größeren Mengen zu beziehen und zu finanzieren, lässt sich erklären, warum die Herstellung der Porsche 356/2 ohne externe Partner nicht möglich ist. Die Cabriolets werden außerhalb von Gmünd, vornehmlich von der Firma Gebr. Beutler & Co. in Thun-Dürrenast in der Schweiz sowie den Firmen Keibl Ges.m.b.H. und Kastenhofer & Cie. in Wien hergestellt. Neben der eigenen Fertigung in Gmünd fertigen ebenfalls in Wien die dortigen Tatra-Werke als Kooperationspartner einen

Teil der Coupé-Karosserien. Für Porsche bedeuten diese Fremdvergaben eine Erleichterung des eigenen kapazitativen Aufwands und zugleich eine Risikominimierung durch geringeren Finanzeinsatz, denn die Kunden rechnen den Aufbau mitunter direkt mit dem Karosseriehersteller ab.

Es kommt für Porsche auf jede eingesparte Ausgabe an. Die wirtschaftlichen Sorgen werden dennoch zunehmend größer. Über das gesamte Jahr ist dies immer wieder Gegenstand der Besprechungen des Führungsteams. Im April entlässt Porsche nach Gesprächen zwischen Ferdinand und Ferry Porsche, Hans Kern

Das Volkswagenwerk ist bereit, Porsche bei Entwicklungsarbeiten zu beteiligen. Porsche stellt im Gegenzug Erfahrung, Kenntnisse, Ideen und Unterlagen zur Verfügung.

und Otto Husslein 20 Arbeiter. Im Juli empfiehlt ein externer Rechtsbeistand Louise Piëch sogar dringend, den Betrieb aufgrund von Unrentabilität gänzlich zu schließen und Ende des Jahres spitzt sich die Situation weiter zu. Anton Piëch plant einschneidende Sparmaßnahmen, um die

Ein Großteil der Porsche 356/2 Cabriolets entstehen bei Beutler in Thun (Schweiz).

Firma über Wasser zu halten. Der absolute Verzicht auf teure Überstunden ist nur eine von mehreren Maßnahmen, Geld einzusparen. Zu allem Überfluss kommen aus der Schweiz keine guten Nachrichten. Entgegen der ursprünglichen Zusage scheidet Rupprecht von Senger aus dem 356er-Programm aus. Größere Einnahmen sind über diesen Kanal nicht mehr zu erwarten. Noch sind die Gehaltszahlungen für die verbliebenen Mitarbeiter gesichert, die grundsätzliche Finanzlage des Betriebs jedoch unverändert. Es geht ans Tafelsilber, anders lässt es sich nicht erklären, dass Otto Husslein am 18.12.1948 nach Wien fährt, um den einzigen verbliebenen Sportwagen Typ 64 dort für 60.000 Schilling zu verkaufen. Karl Rabe hält später in seinen Notizen fest: »1948 wurden in Gmünd/Kärnten 10 Porsche Sportwagen gebaut.«

Weichenstellung 1949

1949 ist das Jahr der anlaufenden Produktion in Gmünd. Zugleich ist es das Jahr, das von hoher Unsicherheit, großen Problemen und Sorgen sowie existentieller Fragen zur Zukunft von Porsche in Österreich wie in Stuttgart geprägt sein wird. Für das Stuttgarter Karosseriewerk Reutter ist es genauso ein Jahr der Weichenstellung. Am Ende des Jahres blicken fast alle zuversichtlicher in die Zukunft, als der Jahresbeginn vermuten lässt. Bis dahin ist es aber noch ein langer Weg, insbesondere die weiterhin angespannte finanzielle Lage von Porsche macht den Verantwortlichen und Mitarbeitern zu schaffen.

Die ersten Zahlungen aus dem Lizenzvertrag mit Volkswagen kommen erst im Oktober 1949. Immerhin: Durch die zukünftigen, dann vierteljährlich eintreffenden Lizenzzahlungen seitens der Volkswagen GmbH ist die Finanzierung zur weiteren Planung einer Produktionsaufnahme des Porsche-Sportwagens entscheidend gesichert. Bis dahin erstreckt sich für Finanzchef Hans Kern eine Zeit voller Sorgen, denn so langsam gehen ihm die Ideen aus, wo er noch flüssige Mittel akquirieren könnte. Vom Werkstattmitarbeiter bis hinauf zur Geschäftsleitung erhalten die Belegschaftsmitglieder nun nur noch sehr unregelmäßig den ihnen zustehenden Lohn. Wird eine Zahlung geleistet, löst sich diese am nächsten Tag für die Rechnung beim Lebensmittelhändler in Luft auf. Viele der Mitarbeiter leben von der Hand in den Mund.

Die finanzielle Lage der Firma ist sehr ernst, der kaufmännische Leiter Hans Kern spricht von gänzlicher Entlassung des Konstruktionsbüros. Zwar gelingt es ihm, bei der Länderbank nach fünfstündigem Kampf weitere Kredite herauszuschinden, aber erneute Kündigungen sind unvermeidbar. Löhne und Gehälter aller Arbeiter und Angestellten muss Hans Kern bei 500 Schilling deckeln. Bis in den Herbst ändert sich die Lage nicht. Kern ist häufig der Verzweiflung nahe, sogar die Schließung des gesamten Betriebs steht mehrfach kurz bevor. Die angespannte Finanzlage durch die nach wie vor gesperrten Bankkonten der deutschen Porsche KG aufgrund der österreichischen Verstaatlichungsgesetze führt zu gravierenden Engpässen. Immer wieder ist dies Thema bei Betriebsversammlungen, zu denen Professor Ferdinand Porsche anwesend ist. Karl Rabe muss schweren Herzens weitere Kündigungen ausstellen, erst die Einschaltung der Landesregierung Kärnten hilft, abermals einen Kredit der Länderbank Villach zu erhalten – wenigstens um die Löhne der verbliebenen Mitarbeiter zahlen zu können. Es setzt sich eine Spirale in Gang, die schwierig aufzuhalten ist. Weitere 18 Entlassungsbriefe schreibt Karl Rabe im November 1949, so langsam muss der Betrieb in Gmünd eingestellt werden.

Werbung um Kunden

Nach außen gibt die Firma ein anderes Bild ab. Es ist die Flucht nach vorne und einzige Möglichkeit, dem Abwärtstrend zu entkommen. Es müssen Kunden generiert, Fahrzeuge verkauft werden.

Erfolgreiche Porsche-Präsentation bei der Automobil-Ausstellung in Genf (1949).

Dazu erhält Ferry Porsche am 12. Januar 1949 einen der neuen Sportwagen als Vorführwagen. Bei nahezu allen geschäftlichen Terminen fährt der junge Firmenchef mit dem Fahrzeug vor, das ist die beste Werbung. Es bleibt nicht bei diesen Vorstellungen. Auf dem 19. Internationalen Genfer Automobilsalon präsentiert Porsche am 17. März ein 356/2 Cabriolet mit Aufbau der Schweizer Gebrüder Beutler (Thun) und ein Coupé mit Stoffschiebedach der neuen Serie – mit großem Erfolg. Die Initiative zur Messeteilnahme ging noch von Rupprecht von Senger aus. Es ist der erste internationale Auftritt für Porsche mit einem Produkt unter eigenem Namen. Die Fahrzeuge werden nicht nur gezeigt, sondern von Herbert Kaes möglichen Kunden direkt im Betrieb vorgeführt. Etwa 1.000 Vorführungs-Kilometer zeigt der Streckenzähler zum Ende der Messe. Begleitend steht eine weitere braune »Sportlimousine«, so die alternative Bezeichnung für die Porsche 356/2 Coupés, als Ausstellungsstück in der Niederlassung des Schweizer Geschäftsmanns Bernhard Blank.

Das Konstruktionsbüro versucht neben der Herstellung eines eigenen Produktes weiterhin Entwicklungsdienstleistungen und Lizenzprodukte an den Mann zu bringen. Sogar Louise Piëch arbeitet an der Akquise von Aufträgen und ist erfolgreich. In Klagenfurt verhandelt sie einen Liefervertrag über 8.000 Mähfinger, der Gegenwert des Auftrags reicht Porsche, wieder für einen knappen Monat über die Runden zu kommen.

Im Reutter Werk II entstehen Busse auf Opel-Blitz-Basis (1949).

Nach der Messe in Genf melden sich zunehmend ausländische Interessenten, sogar aus den USA besucht ein potenzieller Kunde das Werk. Anfang Mai ist Porsche auf der Automobilausstellung in Wien vertreten und erzielt schöne Erfolge. Ein Meilenstein wird am 30. Mai 1949 gelegt. Der niederländische Automobilhändler Ben Pon wird zum weltweit ersten offiziellen Importeur von Porsche-Sportwagen.

Fast zur gleichen Zeit wie Porsche in Österreich erkennt Reutter in Stuttgart das Potential, das über eine Messeteilnahme zu erreichen ist. So beschickt der Karosseriehersteller vom 12. April bis zum 2. Mai 1949 die erste »Internationale Motorschau« in Reutlingen. Etwa 100.000 Besucher aus Westdeutschland und Frankreich besuchen die Ausstellung, mit der sich Reutlingen als Messestandort nach dem Krieg etablieren möchte. Ausgestellt am Reutter-Stand werden ein 12-sitziger-Luxus-Omnibus sowie ein Spezial-Aufbau für Radio Stuttgart, beide auf 1,5 to. Opel-Fahrgestell. Das Publikum bewundert beide Fahrzeuge sowohl hinsichtlich der Form als auch der »schönen Arbeit«; eine Spitzenleistung der Branche auf dieser Schau. Es bleibt nicht bei anerkennenden Worten, die Messeteilnahme sorgt im Nachgang für konkrete Umsätze. Im kommenden Jahr 1950 ist man sicher wieder in Reutlingen vertreten.

Der Porsche 356/2 aus der kleinen österreichischen Produktion weckt derweil die Aufmerksamkeit derjenigen, die es sich leisten können. Kunden aus Italien, der Schweiz, Ägypten, Argentinien und anderen Ländern interessieren sich für das Modell und die ersten Wagen werden tatsächlich verkauft. Diese Anfangserfolge sind aufgrund der Fertigung eher als Einzelerfolge zu werten, sie können nicht darüber hinwegtäuschen, dass die Fahrzeuge im Inland bei der Lage des österreichischen Markts und der dortigen unstabilen Außenpolitik nicht mit wirtschaftlichem Erfolg hergestellt werden können. Fast übersteigen die Kosten die Erlöse. Immer wieder kommt es zwischen Porsche, Erwin Komenda und Mitarbeiter Karl Motzelt zu heftigen Debatten wegen der unzureichenden technischen Voraussetzungen in der Karosseriefertigung. Nicht nur die undichten Dächer der »Vereinigten Hüttenwerke« sprechen für einen Ortswechsel. Die ersten leisen Überlegungen zur Rückkehr an den 1938 erbauten Standort Stuttgart werden lauter. Dort könnte die Serienfabrikation des Sportwagens, Typ 356, wirtschaftlich erfolgreich in Angriff genommen werden. Eine Alternative zu Stuttgart wird nicht ernsthaft diskutiert. Hier besitzt die Familie noch die Direktoren-Villa aus der Zeit, in der Ferdinand Porsche für Daimler tätig war. Hier gründeten Ferdinand Porsche, Anton Piëch und Adolf Rosenberger das Konstruktionsbüro Porsche, und hier in Zuffenhausen überlebte das Porsche Werk 1 die massiven Bombenangriffe auf die Stadt in den letzten Kriegsmonaten nahezu unversehrt.

Die Vermögenssperre der unmittelbaren Nachkriegszeit über die Dr. Ing. h.c. F. Porsche KG in Stuttgart wird im März 1949 aufgehoben. Von finanzieller Sicherheit ist nicht auszugehen,

1945 besetzt die U.S.-Army das Porsche Werk. Die vollständige Rückgabe wird sich bis 1955 hinziehen.

aber die Zukunft wird planbar. Das Hauptargument für Stuttgart zeigt Albert Prinzing auf. Nach dem Lizenzvertrag mit Wolfsburg und den zu erwartenden Lizenzeinnahmen für jeden gebauten Volkswagen steht diesen Einnahmen keine produktive Tätigkeit gegenüber. Einkommen aus Mieten und Lizenzen würden in diesem Fall höher besteuert, wenn keine absetzbaren Ausgaben oder sogar Verluste verrechnet werden können. Der kühle Rechner Prinzing sieht in der Übersiedelung der ohnehin schwierigen Produktion des Sportwagen 356 nach Deutschland und der Aufnahme einer geregelten Serienproduktion in Stuttgart die Gelegenheit, Steuern in großem Umfang zu sparen. Von allen weiteren Erzeugnissen der Firma ist der Sportwagen aus seiner Sicht das erfolgversprechendste. Er überzeugt seinen alten Schulfreund Ferry. Dieser erkennt nach anfänglicher Zurückhaltung die Chancen einer Serienproduktion in Deutschland. Porsche entscheidet sich zur Rückkehr nach Stuttgart und zur Aufnahme einer Serienproduktion des Typ 356.

Dazu stehen zwei Möglichkeiten zur Diskussion: die komplett eigenverantwortliche Herstellung in Stuttgart, oder eine Zusammenarbeit mit dort ansässigen Unternehmen, also die Fremdvergabe der Karosseriefertigung. Die erste Variante scheitert an den zur Verfügung stehenden finanziellen Mitteln und den noch nicht freigegebenen Räumlichkeiten. Trotz intensiver Bemühungen in Verhandlungen mit dem Vertreter der Besatzer, Captain Fisher, gelingt es Karl Kirn, Albert Prinzing und Ferry Porsche nicht, das eigene Werk zurückzubekommen. Selbst eine teilweise Belegung durch Porsche kommt für die amerikanische Besatzungsmacht nicht in Frage.

Porsche entscheidet sich zur Rückkehr nach Stuttgart und zur Aufnahme einer Serienproduktion des Typ 356.

Allerdings wird eine Räumung zur Jahresmitte 1950 in Aussicht gestellt. Bis dahin muss eine Lösung gefunden werden.

Während sich Ferry Porsche mit seinem Team um die Eigenfertigung und damit letztlich den Fortbestand des Konstruktionsbüros kümmert, plant seine Schwester ihre Zukunft in Österreich. Aufgrund des Abkommens vom 17. September 1948 mit Volkswagen richtet Porsche ein Büro in Salzburg ein. Von hier wird zentral der Import, Vertrieb und Kundendienst für den Volkswagen nach und in Österreich gesteuert. Am 14. Mai wird dazu mit der Porsche Salzburg Ges.m.b.H. eine neue Firma gegründet, die von Anton und Louise Piëch geleitet wird.

Die Zusammenarbeit verspricht wesentliche Vorteile. Reutter ist aus der Vorkriegszeit als verlässlicher und kompetenter Partner bekannt.

Damit regeln die Geschwister Ferry und Louise einvernehmlich die Aufteilung ihrer Zuständigkeiten und zukünftigen Tätigkeitsbereiche. Louise bleibt in Österreich, Ferry geht nach Deutschland.

So beginnt Ferry Porsche im Mai 1949 Sondierungsgespräche mit möglichen Herstellungspartnern in Süddeutschland. Karl Kirn verhandelt mit der Firma Binz in Lorch/Remstal. Im Auftrag von Ferry Porsche erörtert Mitarbeiter Franz Kral am 27. Mai 1949 mit dem Seniorchef der Firma Drauz die Möglichkeiten einer Karosserieproduktion in Heilbronn. Porsche nimmt etwa zum gleichen Zeitpunkt wieder Kontakt zum Stuttgarter Karosseriewerk Reutter auf. Kurz nach diesen Gesprächen erhält die Porsche KG Ende Mai die jeweiligen Angebote der drei Firmen.

Vernunftehe aus Sympathie

Schnell erscheint die erneute Zusammenarbeit mit dem »alten Bekannten« Reutter für Porsche als beste der verschiedenen Möglichkeiten. Reutters Angebotspreis ist zwar nicht der günstigste von den dreien, aber die Zusammenarbeit verspricht wesentliche Vorteile. Reutter ist aus der Vorkriegszeit als verlässlicher und kompetenter Partner bekannt und – wie Porsche – mit einem Werk in Stuttgart-Zuffenhausen ansässig. Zudem soll Ferdinand Porsche seinem Sohn in der Frage nach der Zusammenarbeit mit einem Karosserieherstellet geraten haben: »Reutter soll's halt machen.«

Zur Vorbereitung des Umzuges und der Produktionsaufnahme der Sportwagen in Stuttgart wird in der Stuttgarter Porsche-Villa am Feuerbacher Weg 48 Mitte Juni 1949 ein Büro und eine kleine Werkstatt im ehemaligen Chauffeurhaus eingerichtet. Es werden zudem zwei Räume und eine Notküche zu einer Familienwohnung umgebaut. Diese Wohnung ist später für einen Angestellten der Gesellschaft bestimmt, sobald die Räume des Hauptbaus des Anwesens für den Besitzer frei sind, Ferdinand Porsche. In der Zwischenzeit soll die Wohnung in der Villa vorübergehend von Herrn Porsche Junior bezogen werden, um seine Übersiedlung aus Österreich möglich zu machen. In der Tat bereitet sich Ferry Porsche persönlich auf seinen Umzug nach Stuttgart vor. In den Monaten zuvor ist er viel für die Verwirklichung seiner Idee zwischen Gmünd, Stuttgart und Wolfsburg auf der Straße. Am 20. November meldet er sich polizeilich mit neuem Wohnsitz am Feuerbacher Weg 48 an. Seine Zukunft ist in Stuttgart.

Die Verhandlungen zwischen Reutter und Ferry Porsche im Juni 1949 verlaufen zunächst noch erfolglos, allerdings gilt die Auftragsvergabe an das Karosseriewerk im Folgemonat als sehr wahrscheinlich; Voraussetzung einer Zusammenarbeit ist die Klärung verschiedener

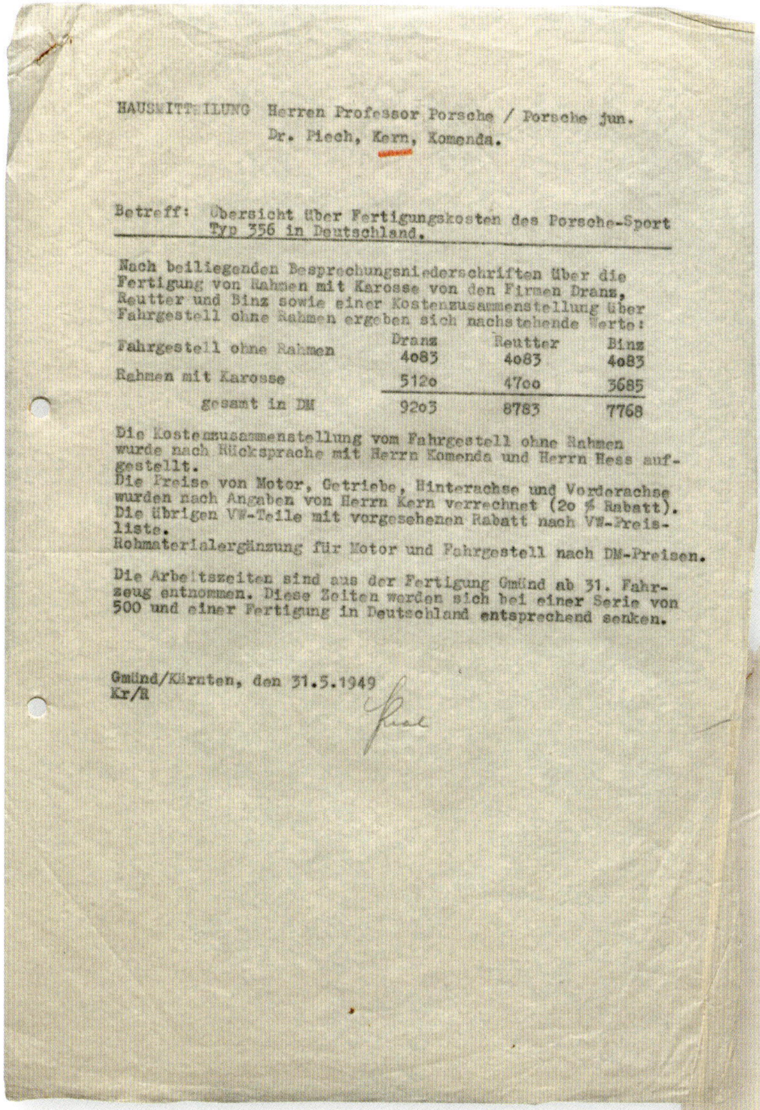

HAUSMITTEILUNG Herren Professor Porsche / Porsche jun.
Dr. Piech, Kern, Komenda.

Betreff: Übersicht über Fertigungskosten des Porsche-Sport Typ 356 in Deutschland.

Nach beiliegenden Besprechungsniederschriften über die Fertigung von Rahmen mit Karosse von den Firmen Dranz, Reutter und Binz sowie einer Kostenzusammenstellung über Fahrgestell ohne Rahmen ergeben sich nachstehende Werte:

	Dranz	Reutter	Binz
Fahrgestell ohne Rahmen	4o83	4o83	4o83
Rahmen mit Karosse	512o	47oo	3685
gesamt in DM	92o3	8783	7768

Die Kostenzusammenstellung vom Fahrgestell ohne Rahmen wurde nach Rücksprache mit Herrn Komenda und Herrn Hess aufgestellt.
Die Preise von Motor, Getriebe, Hinterachse und Vorderachse wurden nach Angaben von Herrn Kern verrechnet (2o % Rabatt).
Die übrigen VW-Teile mit vorgesehenen Rabatt nach VW-Preisliste.
Rohmaterialergänzung für Motor und Fahrgestell nach DM-Preisen.

Die Arbeitszeiten sind aus der Fertigung Gmünd ab 31. Fahrzeug entnommen. Diese Zeiten werden sich bei einer Serie von 500 und einer Fertigung in Deutschland entsprechend senken.

Gmünd/Kärnten, den 31.5.1949
Kr/R

Trotz Preisunterbietung eines Mitbewerbers entscheidet sich Porsche zur erneuten Zusammenarbeit mit dem Stuttgarter Karosseriewerk Reutter.

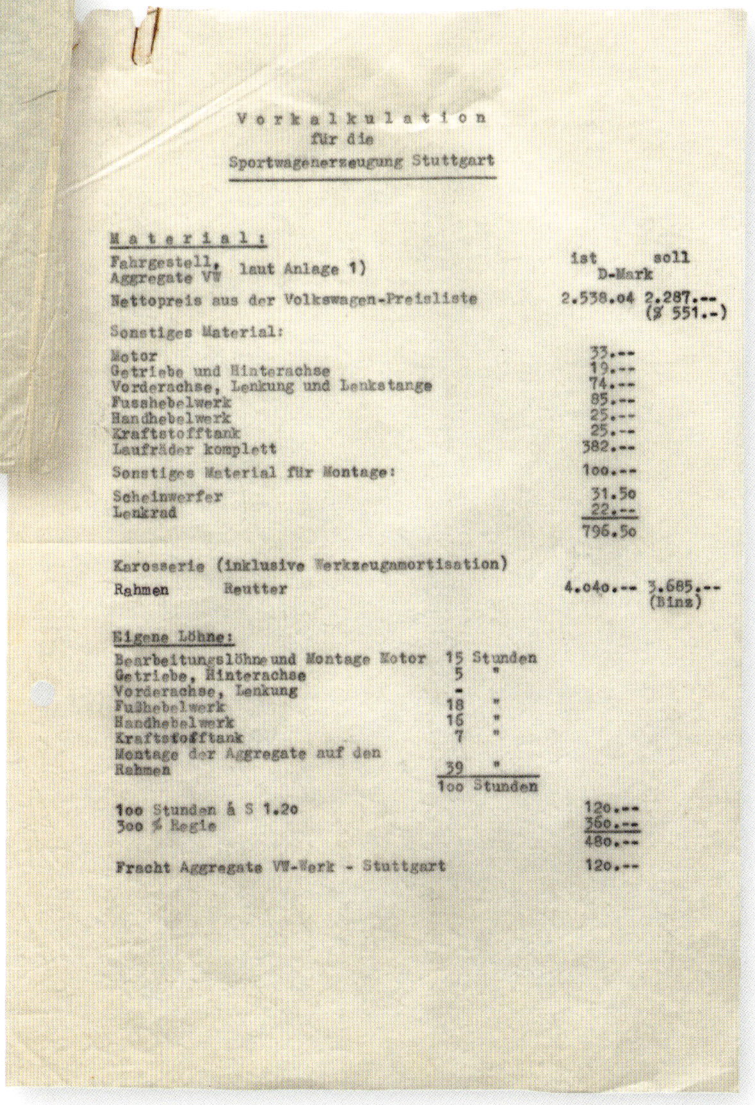

V o r k a l k u l a t i o n
für die
Sportwagenerzeugung Stuttgart

M a t e r i a l :

		ist	soll
Fahrgestell, Aggregate VW laut Anlage 1)		D-Mark	
Nettopreis aus der Volkswagen-Preisliste		2.538.04	2.287.-- (% 551.-)
Sonstiges Material:			
Motor		33.--	
Getriebe und Hinterachse		19.--	
Vorderachse, Lenkung und Lenkstange		74.--	
Fusshebelwerk		85.--	
Handhebelwerk		25.--	
Kraftstofftank		25.--	
Laufräder komplett		382.--	
Sonstiges Material für Montage:		1oo.--	
Scheinwerfer		31.5o	
Lenkrad		22.--	
		796.5o	
Karosserie (inklusive Werkzeugamortisation)			
Rahmen Reutter		4.04o.--	3.685.-- (Binz)
Eigene Löhne:			
Bearbeitungslöhne und Montage Motor	15 Stunden		
Getriebe, Hinterachse	5 "		
Vorderachse, Lenkung	-		
Fußhebelwerk	18 "		
Handhebelwerk	16 "		
Kraftstofftank	7 "		
Montage der Aggregate auf den Rahmen	39 "		
	1oo Stunden		
1oo Stunden à S 1.2o		12o.--	
3oo % Regie		36o.--	
		48o.--	
Fracht Aggregate VW-Werk - Stuttgart		12o.--	

Die Aufstellung vom 8. Juli weist auf den hohen Anteil Fremdfertigung und Bezug von Teilen aus der Volkswagenproduktion hin. So wird das Risiko für Porsche kalkulierbar.

Sachverhalte auf Seiten beider Verhandlungspartner. Auf Drängen Porsches korrigiert Reutter seinen Angebotspreis nach unten. So kann das Karosseriewerk zwar keinen signifikanten Überschuss erzielen, aber der Fortbestand des Unternehmens und die Beschäftigung der Mitarbeiter sind gesichert.

Porsche erreicht damit, dass sich die Kosten der Karosserieproduktion in der Kalkulation dem rechnerischen Zielwert nähren, allerdings sind weitere Hausaufgaben zu erledigen. Nicht nur die Kosten der externen Karosserieproduktion, auch die Einkaufskonditionen der Aggregate und Zulieferteile aus Wolfsburg müssen konkret verhandelt und festgelegt werden. Am 30. Juni 1949 bestätigt die Generaldirektion im Volkswagenwerk die Einkaufskonditionen. Die Niedersachsen sind bereit, die benötigten Aggregate und Ersatzteile zu Großhandels-Nettopreisen an Porsche abzugeben. Einzige Voraussetzung: Porsche darf Ersatzteile nicht unter den Bruttolistenpreisen der Volkswagen-Vorgaben abgeben. Eine Bedingung, die Ferry Porsche sofort akzeptiert. Jetzt geht es an die Spezifikation der benötigten Aggregate.

Am 7. Juli sendet Porsche die gewünschte Aufstellung der im Sportwagenfahrgestell enthaltenen VW-Aggregate und Ersatzteile. Motor »Export«, Kraftstoffanlage, Getriebe und Hinterachse, Vorderachse und Lenkung, Ausgleichsgetriebe, Handhebelwerk, Fußhebelwerk, Rahmen und fünf Laufräder in der Größe 3.00 x 16 inklusive 20 Schrauben. Am Ende steht der Betrag von 2.538,04 DM. Abzüglich des Rabattes bleiben 2.287 DM Kosten für die Teile von Volkswagen für einen Porsche. Auf dieser Basis beginnen Hans Kern und Karl Rabe am 8. Juli mit der Vorkalkulation für die Sportwagenerzeugung in Stuttgart. Neben Kosten für Teile aus Wolfsburg wird sonstiges Material insbesondere für die Modifikation des Motors, die Montage und ein Lenkrad im Gegenwert von 795,50 DM angesetzt. Für Rahmen und Karosserie steht Reutter als Lieferant so gut wie fest, der Angebotspreis der Firma Binz ist eher als Druckmittel zur Preisverhandlung mit Reutter zu verstehen. Im Preis inbegriffen ist ein finanzieller Beitrag von Porsche zur Werkzeugamortisation über eine geplante Stückzahl von erst einmal 50 Karosserien. Porsche rechnet bereits damit, erfolgreich den Preis weiter nach unten verhandeln zu können – mit Bleistift ist die Zielgröße von 3.500 DM eingetragen. Für den eigenen Aufwand schätzt Porsche 100 Stunden Arbeitseinsatz. Inklusive Gemeinkosten kommt ein kalkulierter Verkaufspreis in Höhe von 10.220 DM heraus. Um die psychologische Marke von 10.000 DM zu unterbieten wäre mit geschickten Verhandlungen für die Karosseriefertigung ein Preis von 9.850 DM zu erreichen. Nachdem er Löhne und Gehälter auf 50 Fahrzeuge umgerechnet hat, landet Hans Kern bei einem Finanzbedarf von (vermutlich) monatlich etwas über 400.000 DM, den tatsächlichen Zielwert gibt er mit knapp 380.000 DM an. Unterm Strich bleibt beim angenommenen Verkaufspreis eine Marge von knapp 40.000 DM, dies entspricht einer monatlichen Umsatzrendite von etwa 9%.

Ein hoher Anteil Fremdfertigung und der Bezug von möglichst vielen Teilen aus dem Volkswagenregal zu möglichst günstigen Preisen; das ist das Erfolgsmodell von Porsche der ersten Stunde. Das Risiko von Porsche wird damit kalkulierbar.

Motor Typ 369

Die ersten Prototypen sind fertig, ein Großteil der Gmünder Produktion befindet sich im Bau oder zumindest in der Vorbereitung, da arbeitet der technische Leiter des Konstruktionsbüros an der Weiterentwicklung der Fahrzeugtechnik. Morgens früh um 7:30 Uhr sitzt Karl Rabe an Berechnungen betreffend Sportwagen Typ 356. Vermutlich geht es zu Beginn des Jahres noch nicht um die Modifikationen, die dann ab etwa

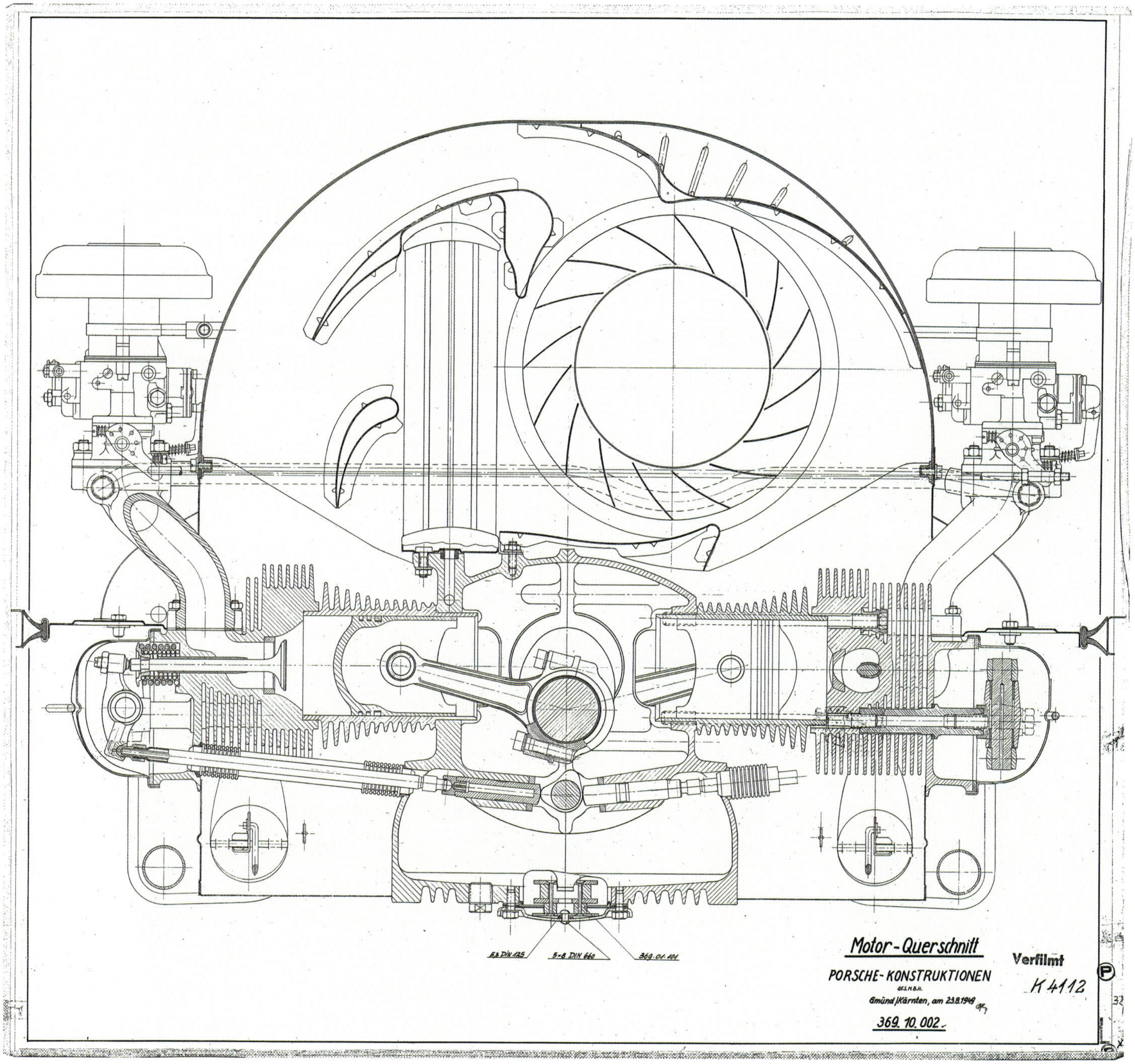

Motor Typ 369 – die Konstruktion aus Gmünd wird der Antrieb für die ersten Fahrzeuge aus Stuttgart.

Dank der leichten und flachen Bauweise ist der luftgekühlte Boxermotor die ideale Motorisierung für Sportwagen.

Juni/Juli im Lastenheft für die neue Produktion der Porschewagen stehen. Kurz nachdem die Entscheidung zur Serienproduktion in Stuttgart gefallen ist, macht sich das Team um Karl Rabe an die Weiterentwicklung des 4-Zylinder-Boxermotors, der die Serienfahrzeuge aus Zuffenhausen befeuern soll.

Die Geschichte des Boxermotors reicht zurück in das Jahr 1896, in dem Carl Benz diesen Typ eines Verbrennungsmotors erfindet. Die Zylinder liegen flach zu beiden Seiten der Kurbelwelle in einer Ebene leicht versetzt gegenüber und befinden sich immer im gleichen Hubtakt. So erreicht der Motor ohne große Belastungen hohe Drehzahlbereiche. Dank der leichten und flachen Bauweise ist der luftgekühlte Boxermotor die ideale Motorisierung für Sportwagen, denn die Zylinder ermöglichen eine besonders niedrige Bauweise. Der Schwerpunkt kommt dem Fahrverhalten zugute. Erstmals setzt Porsche eine solche Konstruktion schon 1933 im Porsche Typ 32 ein. In die Serie kommt das Aggregat dann im Volkswagen und ist mit allen militärischen Varianten und dem Start der zivilen Massenproduktion

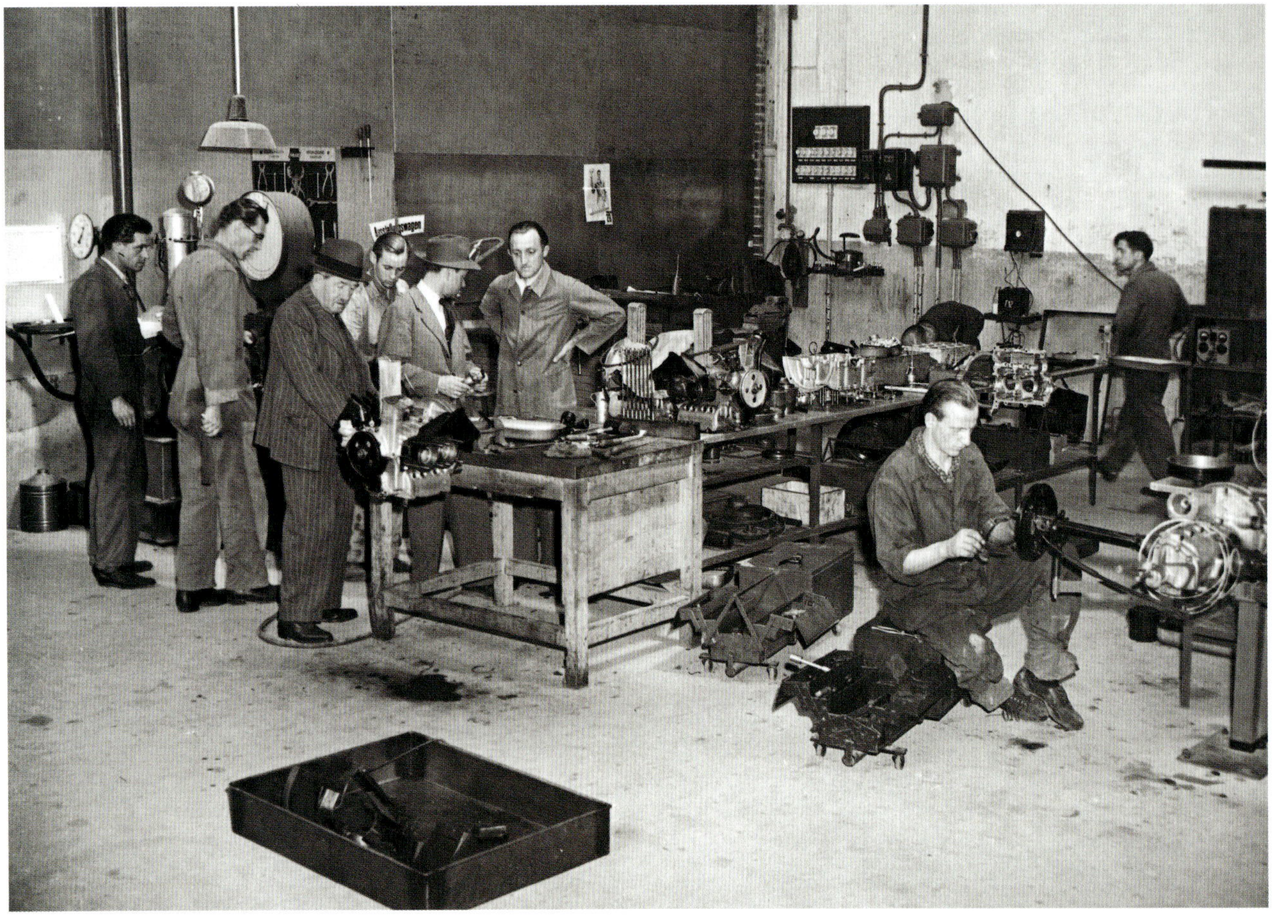

Motorenmontage für die Ausstellungswagen (siehe Schild an der Wand hinter Ferdinand Porsche) Anfang 1950 in Zuffenhausen.

Porsche Typ 369: Leistungssteigerung durch eigene Zylinderköpfe.

nach dem Krieg zu diesem Zeitpunkt ausgiebig erprobt und bewährt.

Für die frühen Wagen aus der einsetzenden Fertigung in Gmünd muss nicht grundlegend neu konstruiert werden, die Teile liegen nahezu einsatzfähig im Regal in Wolfsburg. So kommt die Basis für den überarbeiteten, neuen Motor ebenfalls grundsätzlich von Volkswagen. Bei Porsche wird dieser dann nur modifiziert. Für den neuen »1,1 Liter Sportwagenmotor für Typ 356« mit der internen Bezeichnung Typ 369 werden insbesondere neue Zylinderköpfe geplant. Verschiedene Versuche mit unterschiedlichen Zylinderköpfen entstehen unter der Mitwirkung von Eberan von Eberhorst. Am Ende steht die Entscheidung für den künftigen Sportmotor. V-förmig angeordnete Ventile, entsprechende Kolben, ein geändertes Kompressionsverhältnis und zwei Vergaser bringen bei höherer Drehzahl eine Leistungssteigerung auf 40 PS. Kurz nach Anfertigung der ersten Zeichnungen und Schnitte des neuen Aggregats werden die Prototypen der Zylinderköpfe am 15. Juli 1949 bei der Firma Gmeiner fertig. Bis in den Oktober dauern die Konstruktionsarbeiten, häufig begutachtet von Ferdinand Porsche. Letztlich werden diese in Gmünd entworfenen Zylinderköpfe aus speziellem Aluminiumguss von der Firma Karl Schmidt in Neckarsulm produziert. Ein Versuchswagen 356/2 wird im Februar 1950 mit dem neuen Motor ausgestattet. Der Motor 369 mit 1.086 ccm und zwei Solex 32 PBI Vergasern ist im Grund ein Volkswagenmotor mit senkrecht geteiltem Kurbelgehäuse. Es ist dieser Motortyp, der die ersten deutschen Porschewagen antreiben wird.

Handlungsreisende

Während Porsche in Gmünd an der Zukunft schmiedet, kämpft das Stuttgarter Karosseriewerk Reutter in Stuttgart mit der Gegenwart. Die Auftragslage ist überschaubar, die Verhandlungen mit der Firma Porsche laufen. Wie von Porsche gefordert, reduziert Reutter den Angebotspreis der Karosserien, um die Chancen einer Zusage zu diesem wichtigen Projekt zu erhöhen. So negativ die Unterbeschäftigung ist, hat Reutter mit seinem nicht voll ausgelasteten Werk in Zuffenhausen ein wertvolles Verhandlungsargument gegenüber Porsche in der Hand. In Zuffenhausen werden mit wechselndem Erfolg unter anderem Busse auf 1,5 to Opel Blitz Fahrgestell produziert, doch große Teile der 1936 errichteten Halle des Reutter Werk II stehen leer. Von den insgesamt 209 Mitarbeitern im Juli 1949 sind 130 im Stammwerk in der Augustenstraße mit Reparaturarbeiten und kleineren Karosserieaufträgen beschäftigt, nur 79 Mitarbeiter gehen täglich für Reutter in Zuffenhausen zur Arbeit. Auf der anderen Seite ringt Porsche um die Rückgabe seines durch den Motor Pool der US-Armee beschlagnahmten Werkes. Noch gehen alle Beteiligten davon aus, das eine Rückgabe Mitte des Jahres 1950 realistisch ist. Also erscheint die Vereinbarung, Porsche für eine kürzere Zeit als Mieter auf rund ca. 600 qm im benachbarten Reutter-Werk aufzunehmen, als beste Lösung für beide Parteien.

Der Architekt Ernst von Demar gestaltete bereits die erste Broschüre für den sogenannten »KdF-Wagen«. Nach dem Krieg entwarf er 1948 den Prospekt für den neuen Porsche 356/2 aus Gmünd (l.). Auch für den Prospekt des 1950er Stuttgarter Porsche 356 war er wieder erste Wahl. Interessanterweise zeigt sein Vorentwurf der Rückseite (r.) auch einen roten Wagen.

Von den Erfolgen der ersten Messeteilnahmen beflügelt, versuchen sich Ferry Porsche und sein Schwager Anton Piëch selbst als Handlungsreisende. Anton Piëch bewegt eine der Sportlimousinen nach Holland und kommt nach einem Empfang beim Prinzregenten mit guten Erinnerungen und dem Auftrag über 25 Wagen zurück nach Österreich. Ferry Porsche bezeichnet diese Fahrten als eine Art Marktforschung. Weitere Fahrten nach Belgien, Niederlande oder nach Schweden dienen dazu, die Absatzchancen im näheren Ausland auszuloten. Ungeachtet der Verfügbarkeit der Fahrzeuge in größeren Stückzahlen lässt der Devisenmangel einen freizügigen Handlungsverkehr ohnehin nicht zu. Auch wenn der Import ausländischer Autos nicht ganz oben auf der Prioritätenliste der Nachbarstaaten steht, wird der Export zukünftig eine der tragenden Säulen des Porsche-Erfolgs.

Die Vorbestellungen sind eine wichtige Maßzahl, um den Absatz zu prognostizieren und auf dieser Basis – zumindest auf dem Papier – eine Grob-Kalkulation für die anlaufende Serienfertigung vornehmen zu können. Diese Fahrten dienen also allesamt der Absicherung des Risikos, das Porsche im Begriff ist einzugehen. Porsche plant, den Vertrieb, die Wartung und das Ersatzteilgeschäft über die bestehenden Strukturen von Volkswagen abzuwickeln und weiter auszubauen. Nach den ersten Erfolgen in Gmünd ist die geplante Gesamtausbringung von 170–200 Wagen für das Jahr 1950 schon fest an den Vertreterapparat des Volkswagenwerks verkauft, wenn nicht Wagen für die Ausfuhr zurückgestellt werden. Der nächste Schritt einer Risiko-Minimierungs-Strategie in vielen Akten.

Eine prominente Vorbestellung kommt am 18. August 1949 über die Hahn Motorfahrzeuge GmbH mit Stammsitz in Stuttgart-Fellbach. Noch gibt es in Deutschland keinen offiziellen Porsche-Vertreter und daher streicht der Auftraggeber auf dem Formular der Volkswagen-Bestellung kurzerhand »Volkswagen« durch und ersetzt dies durch »Porsche-Sport«.

Der Stuttgarter Nervenarzt und Kunstliebhaber Ottomar Domnick versucht alles, um Porsches erster Kunde in Deutschland zu werden. Die Rückkehr und damit der Start der Produktion nach und in Deutschland verzögert sich immer wieder, aber der passionierte Autoliebhaber Domnick lässt nicht locker. Im Oktober vereinbart er mit Albert Prinzing eine Probefahrt mit Ferry Porsche. Dieser, so Prinzing, könne dabei den Liefertermin der ersten 356 Coupés bekannt geben. Kurzum erneuert Domnick seine Bestellung. Die Farbe wird noch bestimmt, der Preis beträgt ca. 10.000 DM, Barzahlung bei Abnahme. Der vereinbarte Liefertermin im Januar 1950 wird nicht zu halten sein. Sein Ziel, der erste private Kunde von Porsche in Deutschland zu werden, wird Ottomar Domnick erreichen. Er erhält die Kommissions-Nummer P 5001. Der wiederum neue Lieferzeitpunkt im April 1950 wird knapp verfehlt, dennoch bleibt der eigentlich ungeduldige Nervenarzt ungewöhnlich geduldig und wartet. Immerhin wird jetzt der Preis konkretisiert und mit 9.850 DM festgesetzt. Das passt zu den ersten Kalkulationen von Karl Rabe und Erwin Komenda.

Zähe Verhandlungen

Zuvor gehen die Verhandlungen zwischen Porsche und Reutter in die nächste Runde. Das Karosseriewerk ist durch Geschäftsführer und Prokurist Ernst Körner zuversichtlich, den Auftrag zu erhalten. Dazu dienlich ist das Angebot während der Verhandlungen, dass Porsche nicht nur einige 100m² der eigenen Fabrikräume in Zuffenhausen für etwa ein halbes Jahr nutzen könne, sondern, dass der junge Sportwagenhersteller zudem auf einem bislang unbebauten Teil des Reutter-Grundstückes einen Schuppen für eigene Zwecke errichten darf. Porsche will und wird davon Gebrauch machen.

Wie Porsche in Gmünd und Stuttgart bereitet sich Reutter bereits organisatorisch auf

Ferdinand Porsche (l.) mit Oberingenieur Karl Rabe (M.) und Schwiegersohn Anton Piëch (1950).

die künftige Zusammenarbeit vor. Am 7. August 1949 tritt Meister Wilhelm Kleinholz die Nachfolge von Nikolaus Maier an. Dieser hatte seit seinem Start bei Reutter am 10. Juli 1910 als Karosserieschlosser beim Aufbau der Serienproduktion in der Blechverarbeitung maßgeblichen Anteil. Nun schätzt er jedoch infolge seines vorgerückten Alters seine Kräfte als nicht mehr ausreichend ein, die Serienfabrikation für Porsche aufzuziehen. Alle Beteiligten sind sich also der Bedeutung und des Aufwands der künftigen Kooperation bewusst. Für beide Unternehmen ist es eine nie dagewesene Investition mit der Chance, sich erfolgreich aus der schwierigen Nachkriegszeit zu lösen, zugleich mit dem Risiko, dabei die Zukunft des jeweiligen Unternehmens aufs Spiel zu setzen.

Porsches Finanzbedarf ist zu diesem Zeitpunkt noch nicht gedeckt. Neben der Finanzierung sind persönliche Themen ungeklärt. Etwas mehr Sicherheit erhalten Firma und Familie Porsche durch die entlastende Einstellung des Entnazifizierungsverfahrens gegen Ferdinand Porsche am 30. August 1949.

Eine feste Zusage zur vertraglichen Zusammenarbeit mit Reutter kann Porsche im September 1949 immer noch nicht erteilen, denn

Allen Beteiligten sind sich der Bedeutung und des Aufwands der künftigen Kooperation bewusst.

die Verhandlungen mit der Militärregierung in Stuttgart einerseits und die mit dem Volkswagenwerk andererseits sind noch nicht zu Ende geführt. Für das Stuttgarter Karosseriewerk Reutter ist es eine von Unsicherheit geprägte Zeit des Wartens. Da kommt es gerade recht, dass ein weiterer deutscher Automobilhersteller Interesse an einer Zusammenarbeit mit dem Karosseriewerk zeigt. Die Bayerischen Motoren Werke in München laden Vertreter von Reutter zu einer Besprechung nach München, um über die Entwicklung einiger Karosserien zu sprechen. Auf dem Weg zurück nach Stuttgart steht der Auftrag von BMW zum Bau von zwei Limousinen und einem Cabriolet, noch unter dem Tarnnamen »Typ Rheinland« in den Büchern des Karosserieherstellers. Sollten die Verhandlungen mit Porsche auf der Zielgeraden scheitern, wäre die Zusammenarbeit mit BMW und eine Serienproduktion des später BMW 501 genannten Modells eine denkbare Alternative.

Für Porsche bemerkt Wirtschaftsprüfer Niethammer in der Prüfung des Jahres 1949, dass sich in der Zeit des Anlaufs einer neuen Fertigung nach langem Stillliegen eines Betriebes naturgemäß die Reisekosten häufen, da Verhandlungen mit den verschiedensten deutschen und ausländischen Stellen nötig sind und Einladungen der Verhandlungspartner und deren Bewirtung sich nicht vermeiden lassen. Ferdinand Porsche, Karl Rabe, Anton Piëch und Albert Prinzing sind nur einige der Reisenden, die in verschiedenen Gesprächen die Bedingungen für die Rückkehr nach Stuttgart schaffen und versuchen, den Investitionen zukünftige Erträge gegenüberzustellen. Eine dieser Reisen führt die Delegation erneut nach Wolfsburg, um dort nicht nur über Lizenzzahlungen für die Volkswagenproduktion, die Teileversorgung und Vertriebsunterstützung für die Porschewagen, sondern auch erfolgreich über Konstruktionsaufträge von Volkswagen zu sprechen. Die Volkswagen Werke GmbH Wolfsburg beauftragt am 20. Oktober 1949 die Dr. Ing. h.c. F. Porsche KG in Stuttgart mit der Konstruktion eines Volkswagen Synchron-Getriebes. Erwin Komenda nutzt den Aufenthalt in Niedersachsen zu weiteren Gesprächen. Während der Rest der Delegation nach Stuttgart zurückkehrt, bleibt er in Wolfsburg, um an »Besprechungen wegen Leichtmetall« teilzunehmen. Noch hält der Karosseriekonstrukteur an dem leichten, aber schwer erhältlichen und teuren Werkstoff für den Anlauf der Stuttgarter Serienproduktion fest.

Der Herbst 1949 ist also geprägt von Verhandlungen und konkreten Vorbereitungen zum Anlauf einer Serienproduktion in Stuttgart, daneben von Gesprächen und Überlegungen, das

Geschäft beider Stuttgarter Unternehmen durch zusätzliche Aufträge abzusichern. Die Ausstellung in Reutlingen, bei der das Karosseriewerk Reutter im April zwei Busse zeigte, trägt Früchte. Die Produktion von Bussen auf Opel-Blitz-Fahrgestell läuft in Zuffenhausen weiter und sichert die Beschäftigung. Das Ziel einer Zusammenarbeit haben Reutter und Porsche neben den zusätzlichen Projekten fest im Blick. Einer weiteren Person kommt dabei eine Schlüsselfunktion zu. Nach vorübergehender Beschäftigung unter französischer Kontrolle zur Wartung der Volkswagen für das französische Militär in Baden Baden tritt Hans Klauser im Herbst 1949 wieder bei der Dr. Ing. h. c. F. Porsche KG ein. Als künftiger Betriebsleiter steuert er den Anlauf der Sportwagen-Produktion in den vom Stuttgarter Karosseriewerk Reutter angemieteten Räumen.

Reutter-Geschäftsführer Ernst Körner berichtet im Oktober 1949: »Der Auftrag für die Aufbauten des neuen Porsche Wagens ist nun sichergestellt.« Allerdings muss sich Reutter mit einer mündlichen Zusage begnügen, einen schriftlichen Vertrag gibt es noch nicht. Doch das Wort zählt. Umgehend bestellt Reutter bei der Fa. Läpple die Werkzeuge, die nicht im hauseigenen Werkzeugbau hergestellt werden können. Sämtliche Investitionen werden nun auf die künftige Zusammenarbeit fokussiert. Nach Bestellung einer Streck-Ziehpresse und einer Universal-Bördel- & Einrollmaschine, müssen alle anderen Ausgaben gestundet werden, da sie »neben den vielen Entwicklungsarbeiten unmöglich bezahlt werden können«.

Das Risiko scheint indes für Reutter kalkulierbar, Porsche berichtet, dass die Aussichten für den Verkauf der ersten 500 Wagen nach mit den Abnehmern von Porsche geführten Besprechungen für 1950 sehr günstig seien. Während in mündlichen Absprachen Transparenz zwischen den ehemaligen und zukünftigen Partnern herrscht, sind die Hintergründe für die

Die Aussichten für den Verkauf der ersten 500 Wagen stehen nach den geführten Besprechungen für 1950 sehr günstig.

dauernden Verzögerungen einer schriftlichen Vereinbarung für das Karosseriewerk Reutter nicht einsehbar.

Am 26. Oktober 1949 wird die Porsche KG erneut unter Property Control gestellt. Erneut werden die Konten eingefroren, erneut ist der Betrieb so gut wie handlungsunfähig. Zwei Restitutionsansprüche, nämlich von der Familie Wolf als Verkäufer der Grundstücke in Zuffenhausen sowie von Adolf Rosenberger, einem der Gründungsgesellschafter und ehemaligen Geschäftsführer des Konstruktionsbüros, sind die Gründe für die Vermögenskontrolle. Während mit der Familie Wolf zügig ein Vergleich ausgearbeitet werden kann, droht eine langwierige, gerichtliche Auseinandersetzung mit dem 1938 in die USA emigrierten Adolf Rosenberger. Klarheit wird in diesem Fall erst 1950 mit einem Vergleich zwischen den Parteien erzielt. Um inzwischen mit der Zusammenarbeit mit Volkswagen sowie dem Projekt der Sportwagenproduktion in Stuttgart voranzukommen, gründet Porsche am 26. November 1949 die Stuttgarter Porsche Konstruktionen GmbH, deren Geschäftsleitung in den Händen von Ferry Porsche und dessen Schulfreund Prof. Albert Prinzing liegt. Die Zusammenarbeit mit dem Volkswagenwerk (Lizenzen und Entwicklungsaufträge) wird in Zukunft bei der Porsche Konstruktionen G.m.b.H. (Stuttgart) liegen, während die Dr. Ing. h. c. F. Porsche K.G. (Stuttgart) in erster Linie den Bau der Sportwagen Typ 356 betreiben will.

Auf Seiten des Stuttgarter Karosseriewerks gab es zuvor ähnliche Ansprüche zu klären. Albert Reutter hatte im Februar 1937, und damit gut anderthalb Jahre vor Ferdinand Porsche, ebenfalls von der Familie Wolf einen Teil des Geländes in Zuffenhausen erworben. 1948 stellt die in die USA emigrierte Familie Wolf Ansprüche auf Entschädigung in Höhe von 209.506 RM,

Am 29. November unterschreiben Porsche und Reutter den Vertrag über 500 Sport-Coupés und Cabriolets zur Lieferung in 1950 und 1951.

die das Karosseriewerk schwer belastet hätten. Nach einem persönlichen Brief von Ella Reutter, der Witwe von Albert Reutter und Senior-Gesellschafterin, an die Familie Wolf und Einschaltung der Rechtsbeistände beider Parteien kann ein einvernehmlicher Vergleich erarbeitet werden. Die Stuttgarter Karosseriewerk Reutter & Co. GmbH leistet eine Einmalzahlung von 25.000 DM zum 1. Dezember 1949. Damit kann Reutter über das Zuffenhausener Areal rechtssicher verfügen.

Nach diesen Regelungen, organisatorischen Veränderungen und teilweisen Klärungen von Restitutionsansprüchen, sowie den für Porsche einsetzenden Zahlungen aus dem Volkswagen-Lizenzvertrag erhält das Stuttgarter Karosseriewerk endlich schriftlich Planungssicherheit. Am 29. November unterschreiben Karl Kirn für Porsche sowie Walter Beierbach und Ernst Körner für Reutter den Auftrag über insgesamt 500 Sport-Coupés und Cabriolets zur Lieferung in den Jahren 1950 und 1951.

Vertragssicherheit

Der Vertrag regelt die Zuständigkeiten der weiteren Zusammenarbeit sowie die Liefermengen. Das Stuttgarter Karosseriewerk produziert und liefert die aus je einem Rahmen und einer (fertig lackierten und ausgestatteten) Karosserie bestehende Einheit an Porsche. Der Wagenaufbau ist als Sportcoupé oder als Cabriolet zu liefern, und zwar jeweils nach der Einteilung von Porsche. Im Jahr 1950 sind zur Lieferung durch Reutter 270 Sportcoupés und 20 Cabriolets vorgesehen. Reutter beschafft nach diesem Vertrag die erforderlichen Materialien selbst, ebenso die für die Fertigung erforderlichen Werkzeuge und Vorrichtungen. Zu den Anschaffungskosten für Werkzeuge und Vorrichtungen trägt Porsche einen »verlorenen Zuschuss« in Höhe von 170.000 DM bei. Diese Summe wird von Porsche an Reutter in Teilbeträgen bezahlt, und zwar jeweils in Höhe der von Reutter nachgewiesenen fälligen Verbindlichkeiten aus erteilten Aufträgen zur Beschaffung der Gerätschaften, sowie entsprechend dem Aufwand der im eigenen Betrieb hergestellten Werkzeuge und Vorrichtungen. Für die ersten 30 Einheiten des Sportcoupés zahlt Porsche an Reutter je 3.700 DM für jede weitere Einheit je 3.500 DM. Die Zahlung erfolgt jeweils bei Ablieferung der fertig gestellten Karosserie durch Reutter an Porsche. Die entsprechenden Preise für das Cabriolet sind noch

Eine Baracke an der Schwieberdinger Straße wird zur Behelfsunterkunft des Konstruktionsbüros (1950).

nicht vertraglich fixiert und dementsprechend im weiteren Verlauf zu vereinbaren. Nicht nur die Preise, auch die Stückzahlen der zu produzierenden Cabriolets werden Gegenstand weiterer Verhandlungen. Porsche ist stark an der Steigerung der Cabriolet-Produktion interessiert. Reutter-Geschäftsführer Ernst Körner kann zu den bereits bestätigten 270 Coupé-Karosserien und 20 Cabriolets für 1950 keine weiteren Zusagen machen. So vereinbaren die Vertragsparteien, den Anlauf der Cabriolet-Serienproduktion bei Reutter auf September zu verschieben. Als Ausgleich verpflichtet sich das Karosseriewerk zur Lieferung von zunächst zusätzlichen 100 Rahmen ohne Karosserieaufbauten ab Mai 1950. Es ist geplant, diese zur Herstellung von später insgesamt 250 Cabriolets der Firma Heuer (ehemals Gläser/Dresden) in Weiden/Oberpfalz zu liefern.

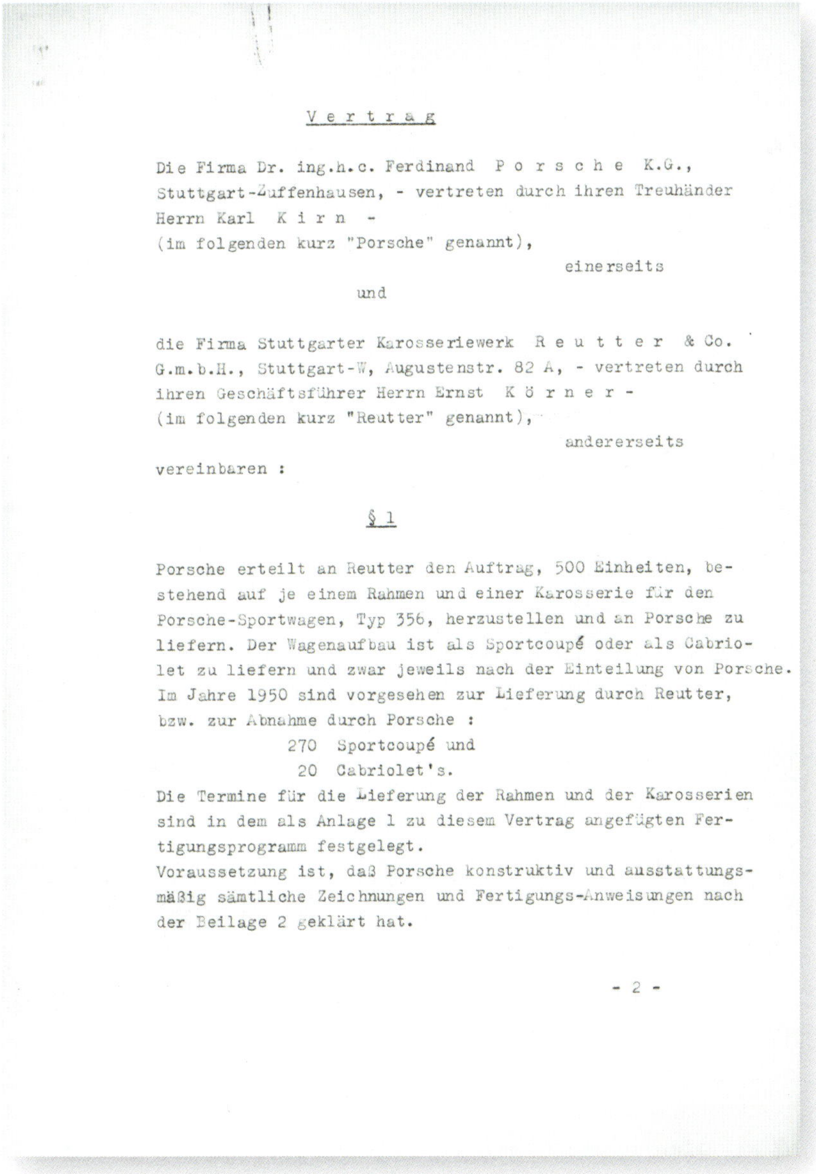

V e r t r a g

Die Firma Dr. ing.h.c. Ferdinand P o r s c h e K.G., Stuttgart-Zuffenhausen, - vertreten durch ihren Treuhänder Herrn Karl K i r n -
(im folgenden kurz "Porsche" genannt),
einerseits
und

die Firma Stuttgarter Karosseriewerk R e u t t e r & Co. G.m.b.H., Stuttgart-W, Augustenstr. 82 A, - vertreten durch ihren Geschäftsführer Herrn Ernst K ö r n e r -
(im folgenden kurz "Reutter" genannt),
andererseits
vereinbaren :

§ 1

Porsche erteilt an Reutter den Auftrag, 500 Einheiten, bestehend auf je einem Rahmen und einer Karosserie für den Porsche-Sportwagen, Typ 356, herzustellen und an Porsche zu liefern. Der Wagenaufbau ist als Sportcoupé oder als Cabriolet zu liefern und zwar jeweils nach der Einteilung von Porsche.
Im Jahre 1950 sind vorgesehen zur Lieferung durch Reutter, bzw. zur Abnahme durch Porsche :
270 Sportcoupé und
20 Cabriolet's.
Die Termine für die Lieferung der Rahmen und der Karosserien sind in dem als Anlage 1 zu diesem Vertrag angefügten Fertigungsprogramm festgelegt.
Voraussetzung ist, daß Porsche konstruktiv und ausstattungsmäßig sämtliche Zeichnungen und Fertigungs-Anweisungen nach der Beilage 2 geklärt hat.

- 2 -

Der Vertrag vom 29. November 1949 bedeutet Planungssicherheit für den Anlauf der Sportwagenproduktion.

Während sich das Team um Ferry Porsche behelfsmäßig in einer Baracke an der Schwieberdinger Straße mit dem eigentlichen Konstruktionsbüro einrichtet, vereinbaren Porsche und Reutter bis zum Freiwerden des Werks in der Spitalwaldstraße, wie bereits vorbesprochen, einen Teil der Karosseriehalle in Zuffenhausen, im Ganzen 613 m², zu mieten. Darüber hinaus pachtet Porsche etwa 480 m² Fläche unmittelbar neben der Reutter-Produktionshalle. Es handelt sich um einen betonierten Platz mit Sockel, der durch Fliegerschäden zerstörten ehemaligen Montagehalle. Porsche errichtet dort eine Halle in sogenannter Holz-Binder-Konstruktion zur Lagerung von Materialien und den aus Wolfsburg bezogenen Teilen für die Sportwagen. Zum jetzigen Zeitpunkt ist noch nicht abzusehen, dass diese Halle 1951 zur ersten improvisierten Motorsportabteilung von Porsche wird. Zunächst geht es um die Serienproduktion. Alle Beteiligten ziehen an einem Strang, jedoch verbunden mit erheblichen Widrigkeiten. Politische Schützenhilfe kommt von keinem geringeren als Arnulf Klett. Am 3. November 1949 bittet der Stuttgarter Oberbürgermeister in einem offenen Bestätigungsschreiben darum, das Vorhaben Porsches vollumfänglich zu unterstützen. Im Namen der Landeshauptstadt hat er ein gesteigertes Interesse an der Rückkehr der Firma nach Stuttgart.

Die Serienfertigung der 356-Karosserien im Reutter-Werk I im Stuttgarter Westen wird vorbereitet.

Nun bestimmen die Entwicklungsarbeiten und Vorbereitungen das Tagesgeschäft mit vielen Überstunden. Bei Reutter arbeitet eine größere Anzahl der Belegschaft wöchentlich bis zu 70 Stunden und das technische Büro ist ungewöhnlich belastet. Die Entscheidung zur Zusammenarbeit mit dem Stuttgarter Partner aus der Vorkriegszeit ist gefallen; mit BMW besteht ebenso eine langjährige Geschäftsbeziehung, die nicht gefährdet werden darf. Neben der ohnehin beachtlichen Belastung arbeiten die Reutter-Mitarbeiter an der Fertigstellung der Prototypen für die Bayerischen Motorenwerke. Die Musterkarosserien können noch Ende 1949 fertig gestellt werden, die Abgabe verzögert sich jedoch wegen Rissen in den Leichtmetall-Türen. Möglicherweise tragen diese Erfahrungen dazu bei, von einer Serienfertigung des Porsche 356 mit Aluminiumkarosserie abzusehen. Inzwischen umfasst die Reutter-Belegschaft insgesamt wieder 263 Personen. Davon arbeiten 182 in Stammwerk in der Stuttgarter Augustenstraße, in Zuffenhausen sind 81 Mitarbeiter eingesetzt. Zur Fertigung muss eine neue Streck-Zieh-Presse, Fabrikat Müller (Esslingen), bestellt werden. Da Porsche nun einen Großteil der Räumlichkeiten in Zuffenhausen belegt, wird die Serienfertigung der 356-Karosserien im Reutter-Werk I im Stuttgarter Westen vorbereitet. Es ist geplant, dort die Aufbauten zu fertigen und dann zur Komplettierung zu Porsche nach Zuffenhausen zu transportieren. Die Abgrenzung der Räumlichkeiten in Zuffenhausen zwischen Reutter und Porsche erfolgt durch eine Trennwand mit Vorhang durch den Fabrikationsraum.

Nachdem am 29. November 1949 die Liefervereinbarung endlich vertraglich fixiert ist, unterschreibt Porsche mit Vertragsbeginn zum 15. Dezember die Mietverträge auf dem Fabrikgrundstück in der Schwieberdinger Straße 130b mit dem Karosseriewerk: »Für die gemieteten Werkräume bei der Firma Reutter wird laut vorliegender Rechnung eine Monatsmiete von DM 613,- für den Hallenteil, die Lagerräume im Fabrikgebäude und solche im Karbid Haus, zusammen 613 Quadratmeter à DM 1,- verlangt. Für den Platz, auf dem der Hallenneubau der

Gesellschaft errichtet wird, ist eine Pacht von 0,25 DM pro Quadratmeter, für 480 Quadratmeter also monatlich 120 DM zu zahlen.« Dieser Vertrag ist unkündbar bis zum 30. Juni 1950. Ohne dass es einer Kündigung bedarf, tritt er mit dem 31. Dezember 1951 außer Kraft. Beide Parteien erwarten, dass dieses Mietverhältnis nur eine Zwischenlösung bis zur Freigabe des Porsche Werk 1 sein wird.

Sollte die Porsche gehörige Werksanlage in der Spitalwaldstraße von der Besatzungsarmee geräumt werden, sodass Porsche räumlich in der Lage ist, darin die Fertigung des Sportwagens Typ 356 fortzusetzen, kann dieser Vertrag von jedem Vertragsteil mit einer Frist von drei Monaten zum Monatsende gekündigt werden. Reutter kann ab 1. Juli 1950 außerdem in gleicher Weise kündigen, wenn dem Karosseriewerk

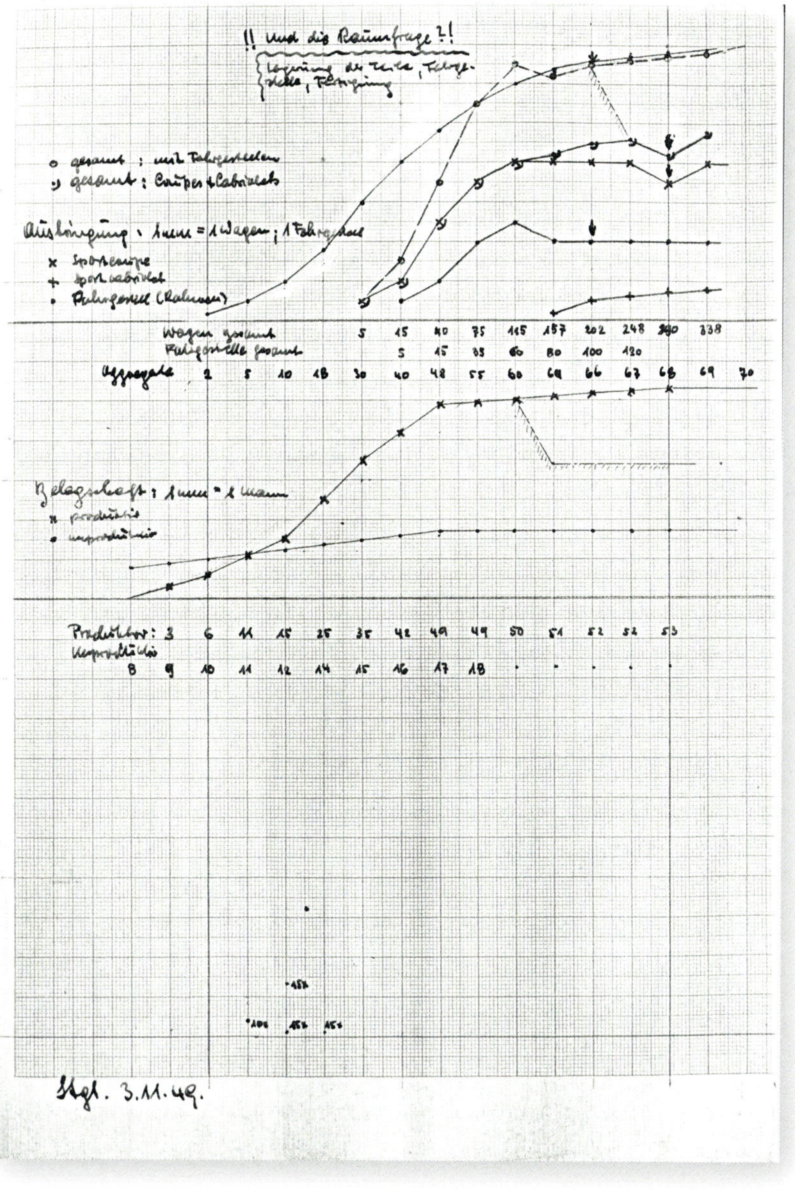

Und die Raumfrage?
Die Kalkulation steht; da das eigene Werk noch besetzt ist, muss Porsche eine Lösung finden.

keine unerledigten Fertigungsaufträge für den Sportwagen Typ 356 mehr vorliegen.

Albert Prinzing handelt für Porsche weitere Räumlichkeiten auf dem Gelände heraus. Bis der Hallenneubau von Porsche fertig ist, kann die Firma zur Durchführung von Großreparaturen für etwa 6 Monate einen weiteren kleinen Arbeitsraum nutzen. Das Karosseriewerk verlegt zu diesem Zweck die Glaserei und Schreinerei in den Maschinensaal und macht weitere 110 Quadratmeter entlang der Rückfront des Hauptgebäudes für den Untermieter Porsche frei.

Damit ist die letzte große organisatorische Hürde genommen. Noch am 3. November 1949 überschreibt Erwin Komenda seine Kalkulation des Lieferprogramms, der Kosten und Belegschaftsentwicklung mit: »Und die Raumfrage?«. Im Dezember ist alles geklärt. Der Karosseriekonstrukteur kann sich nun wieder verstärkt der technischen Entwicklung widmen, denn der Aufbau der zukünftigen Seriensportwagen unterscheidet sich von den Einzelstücken aus der österreichischen Manufaktur.

Die neue Karosserie

Alle Sportwagen-Zeichnungen Typ 356 einschließlich Vorrichtungen sind für Stuttgart vorzubereiten. Schon im August 1949 arbeiten Erwin Komenda und Karl Rabe an einer modifizierten Version des Porsche 356/2, die dann nur noch unter der Bezeichnung »Porsche 356« in Stuttgart produziert werden soll. Konstruktionsseitig wird Erwin Komenda die neue Form verantworten und vor Ort alles Nötige vorbereiten. Obwohl freies Reisen zwischen den Nachbarländern zu dieser Zeit noch nicht uneingeschränkt möglich ist, erhält er zügig ein Visum zur Arbeit in Deutschland.

Etwa Mitte August gehen die Unterlagen zum Sportwagen Typ 356 über Salzburg nach Stuttgart. Bei seinem Deutschlandbesuch im Oktober lernt Karl Rabe auf Wunsch von Erwin Komenda Betriebsleiter Walter Beierbach bei Reutter in der Augustenstraße kennen. Nachdem die persönlichen Kontakte hergestellt sind, richten sich die Protagonisten räumlich ein. Während Ferry Porsche sein Büro in der Porsche-Villa bezieht, nutzt Erwin Komenda mit Zuarbeit durch den jungen Herbert Linge vorübergehend Räumlichkeiten bei Reutter im Stuttgarter Westen, bis eine kleine Werkstatt am Feuerbacher Weg entsprechend ausgestattet ist. Das ehrgeizige Ziel: das erste Fahrzeug aus neuer Fertigung soll bereits auf der Automobilausstellung im Mai 1950 gezeigt werden und direkt lieferbar sein. Aus Gmünd überführt Hans Klauser ein 356/2 Chassis, das Reutter danach zur Begutachtung und Vorbereitung des Rahmenaufbaus zur Verfügung steht. Die Formgebung der Außenhaut nähert sich Stück für Stück der endgültigen Fassung. Erwin Komenda gibt immer wieder Änderungen an der neuen Karosserie durch. Die Pläne müssen daraufhin fortlaufend angepasst werden.

Die Porsche-Mannschaft steht vor der Herausforderung, sich um weitere Lieferanten zum Sportwagen 356 zu kümmern und ist zu diesem Zweck vom 16. bis zum 22. Oktober auf größerer Deutschland-Rundreise. Diese führt die Delegation erwartungsgemäß nach Wolfsburg, schließlich kommen von hier die meisten technischen Teile. Neben verschiedenen Besprechungen zu VW-Typenbezeichnungen und Preisgestaltungen wird der Lieferant der Pneus festgelegt. Neue Reifenfirma ist ab sofort die Firma Veith in Fulda.

Zurück in Stuttgart werden Materialien und Wagenteile bezogen und gelagert, die Einrichtung der neuen behelfsmäßigen Werkstätten bei Reutter betrieben, Tests am Typ 356 mit altem und mit neuem Chassis unternommen, Werkstattversuche mit dem Motortyp 369 gemacht und Reparaturen an firmeneigenen Fahrzeugen vorgenommen. Konstrukteur Franz Trüby arbeitet ab November an den Karosserieplänen, im Dezember kommen die Zeichner Riss und Sotz hinzu. Insgesamt sind damit zunächst lediglich drei Arbeiter mit Vorbereitungs- und Versuchsarbeiten beschäftigt.

Am 2. November 1949 beschreibt Erwin Komenda für die Porsche KG den geplanten Lieferumfang von Reutter für den Rahmen des Sportwagens Typ 356. Zur Herstellung erwartet werden unter anderem ein Blechrahmen mit verschweißtem Fußboden inklusive Vorderachskörper, Koffer und Motorraum, Pufferstangen, Lenkungsaufhängung und Lenkschutzrohr. Weiterhin sämtliche Rohre und Leitungen für die Heizung und den Kraftstoff, volle Verkabelung (ausgenommen des Motors, der eine eigene Elektrik hat), Schalter, Halterungen und ein Signalhorn. Jegliche Deckel sollen abgedichtet geliefert werden. Weitere Ausstattungen sind die Roste im Vorderteil sowie Sperrholz-Einlagen für den Fußraum. Die Innenflächen der Rahmenteile, die nach dem Punktschweißen nicht zugänglich sind, müssen vorher grundiert werden. Der Rahmen muss zudem einer Wasserdichtigkeitsprobe unterzogen werden, bevor er fugengekittet, in grauer Ölfarbe grundiert und schallgedämpft weiter in den Produktionsprozess kommt oder als Halbfabrikat an Porsche beziehungsweise einen weiteren Karosseriehersteller geliefert wird. Die Batterie, der Kraftstoffbehälter mit Einfüllstutzen, kraftstofffeste Gummischläuche, Werkzeug und Zubehör sowie ein Wagenheber sind Teile der Porsche-Lieferung. Nach den umfassenden Besprechungen bestätigt Reutter die weiteren Inhalte der mündlichen Vereinbarungen schriftlich. Unter Voraussetzung einer umgehenden Freigabe sämtlicher Teile und der Annahme einer ungestörten Fertigung glauben Ernst Körner und Walter Beierbach, die Lieferungen mit Einsatz ab April 1950 in Aussicht stellen zu können. Die ersten fünf Fahrzeuge sind für April geplant, danach erhöht sich die Ausbringung der Coupé-Karosserien sukzessive bis auf eine eingeschwungene, konstante Lieferung ab August mit 40 kompletten Coupé-Aufbauten.

Da die Serienfertigung der Cabriolets im Stuttgarter Karosseriewerk erst mit Einsatz ab September 1950 möglich ist, rechnet Reutter damit, bereits ab Mai die ersten fünf fertigen Rahmen und dann ansteigend bis Juni/Juli monatlich 20–25 Rahmen zur Weiterverarbeitung bei einem zweiten für die Montage zuständigen Werk liefern zu können. Schriftlich weist Reutter allerdings darauf hin, dass es sich bei diesen Angaben um das maximal Mögliche handelt und das auch nur unter der Bedingung, dass keine konstruktiven Änderungen eingegeben werden oder es zu Materialengpässen kommt. Diese Planungen erfolgen nach wie vor ohne den schriftlichen Auftrag, mit dem beide Seiten jedoch zeitnah rechnen.

Am 12. Dezember fällt eine richtungsweisende Entscheidung: Das Herstellungsmaterial der Karosserien wird auf Ganzstahl umgestellt.

Noch vor der offiziellen Vertragsunterzeichnung erhält das Stuttgarter Karosseriewerk Reutter die erste Zeichnung »Sport-Limusine 2sitzig« vom 7. November 1949 für den Aufbau der Außenhaut. Die Form ist nun nahezu final. Aus dem scheinbar unübersichtlichen Wirrwarr feiner Linien der Zeichnung sind die Unterschiede zur Karosserie-Form der Gmünd-Fahrzeuge erkennbar: Das neue Porsche 356 Coupé verzichtet auf die seitlichen Dreiecksfenster, die Seitenlinie ist insgesamt höher angelegt, was niedrigere Fenster bedingt. Die vordere Haube ist angehoben und wenngleich der Mittelsteg in der Frontscheibe beibehalten wird, ist die Fensterform leicht modifiziert. Deutlich gewölbte Flanken und eine veränderte Dachpartie verleihen dem Modell eine eigenständige

Form. Während die Fahrzeuge aus Gmünd allesamt Einzelstücke waren, die rein von Hand aufgebaut wurden, ist nun die Optimierung in den Produktionsabläufen eine zu berücksichtigende Größe.

Am 12. Dezember fällt dazu eine richtungsweisende Entscheidung: Das Herstellungsmaterial der Karosserien wird im Gegensatz zu den ersten Fahrzeugen des Typ 356/2 auf Ganzstahl umgestellt. Vor allem Produktions- und Kostenaspekte werden für die Entscheidung maßgebliche Einflussgrößen. Zwar hatte Reutter bereits in der Vorkriegszeit einige Erfahrungen im Bau von Aluminiumkarosserien, hauptsächlich auf Mercedes-Chassis, dennoch ist das Material in der Serienfertigung anfällig für Fehler. Die Einzelteile der Außenhaut werden auf großen Maschinen gepresst und müssen dann nach und nach zur kompletten äußeren Karosserie zusammengefügt werden. Das Schweißen von Stahlblechen ist in diesem Entstehungsprozess die einfachere und schnellere Alternative. Zeit und Geld bestimmen die Produktion, hier hat Porsche aus den Erfahrungen der Fertigung in

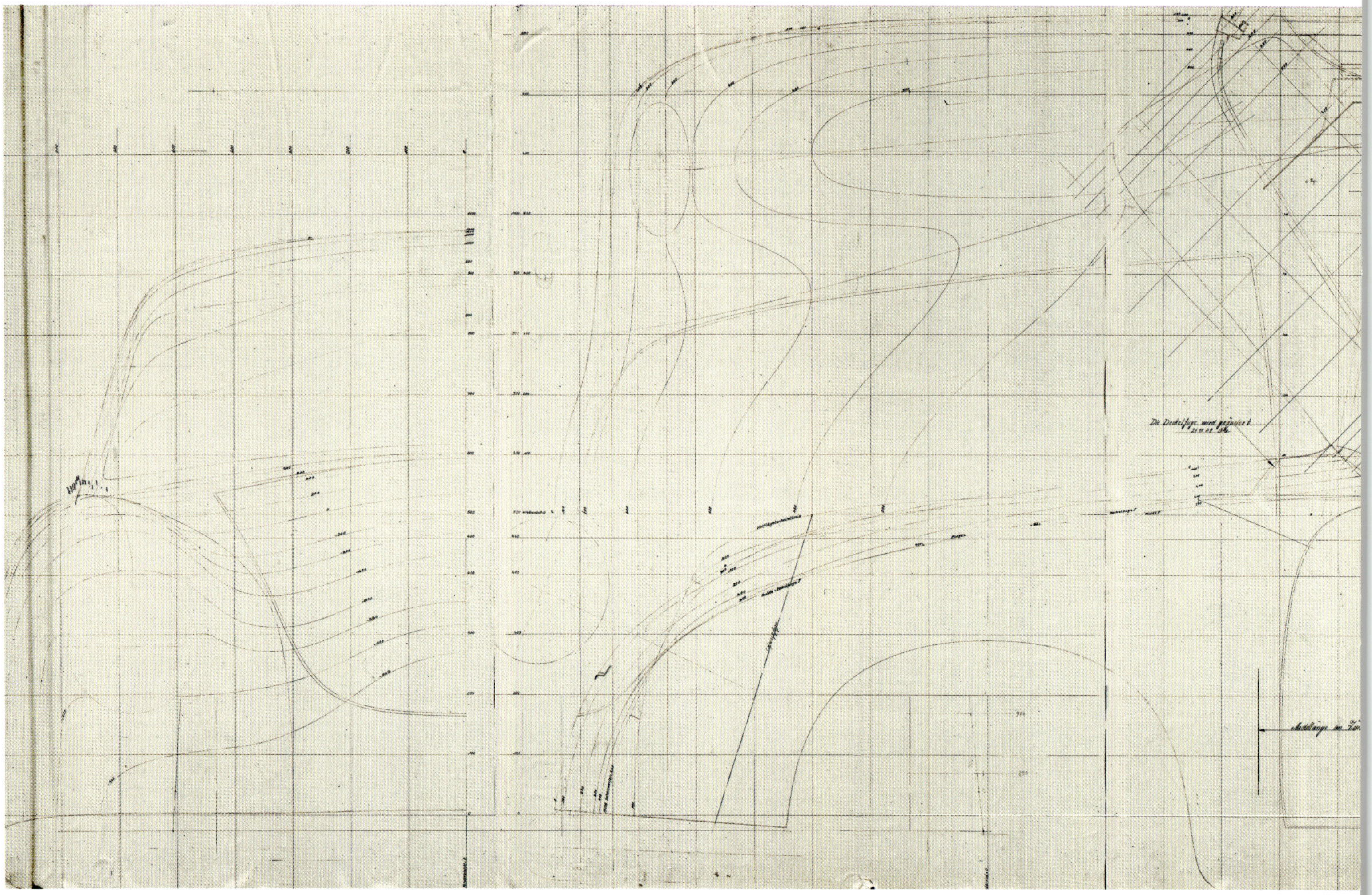

»Sport-Limusine 2sitzig«. Die Zeichnung vom 7.11.1949 wird die Basis für die ersten Porsche 356 aus Deutschland.

Österreich gelernt. Stahl ist zu dieser Zeit Mangelware, Aluminium in der benötigten Menge zu erhalten, ist nahezu unmöglich. Bei Porsche wird durch die Umstellung auf eine Ganzstahlkarosserie das Projekt kalkulierbar, denn der Preis des fertigen Fahrzeugs muss unbedingt unter 10.000 DM gehalten werden.

Mit dem Vertrag vom 29. November 1949 erhält Reutter eine Übersicht der vorgesehenen Termine zur Freigabe der Zeichnungen für die Festlegung der Ausstattung der Porsche-Coupés. Zwischen dem 28. November und 10. Dezember sollen die finalen Zeichnungen übergeben werden und damit die Freigabe zur Produktion für Rahmenhauptteile, Außen- und Innenhaut, der verschiedenen Deckel und Verkleidungen sowie der Vordersitze erfolgen. Bislang hängt nur die Gesamt-Übersicht am Zeichenbrett im Karosseriewerk. Erwin Komenda arbeitet mit Hochdruck an der konstruktiven Fertigstellung der technischen Details und den dazugehörenden Zeichnungen. Ständig werden Details verändert, die fristgerechte Abgabe an Reutter ist dadurch nicht einzuhalten.

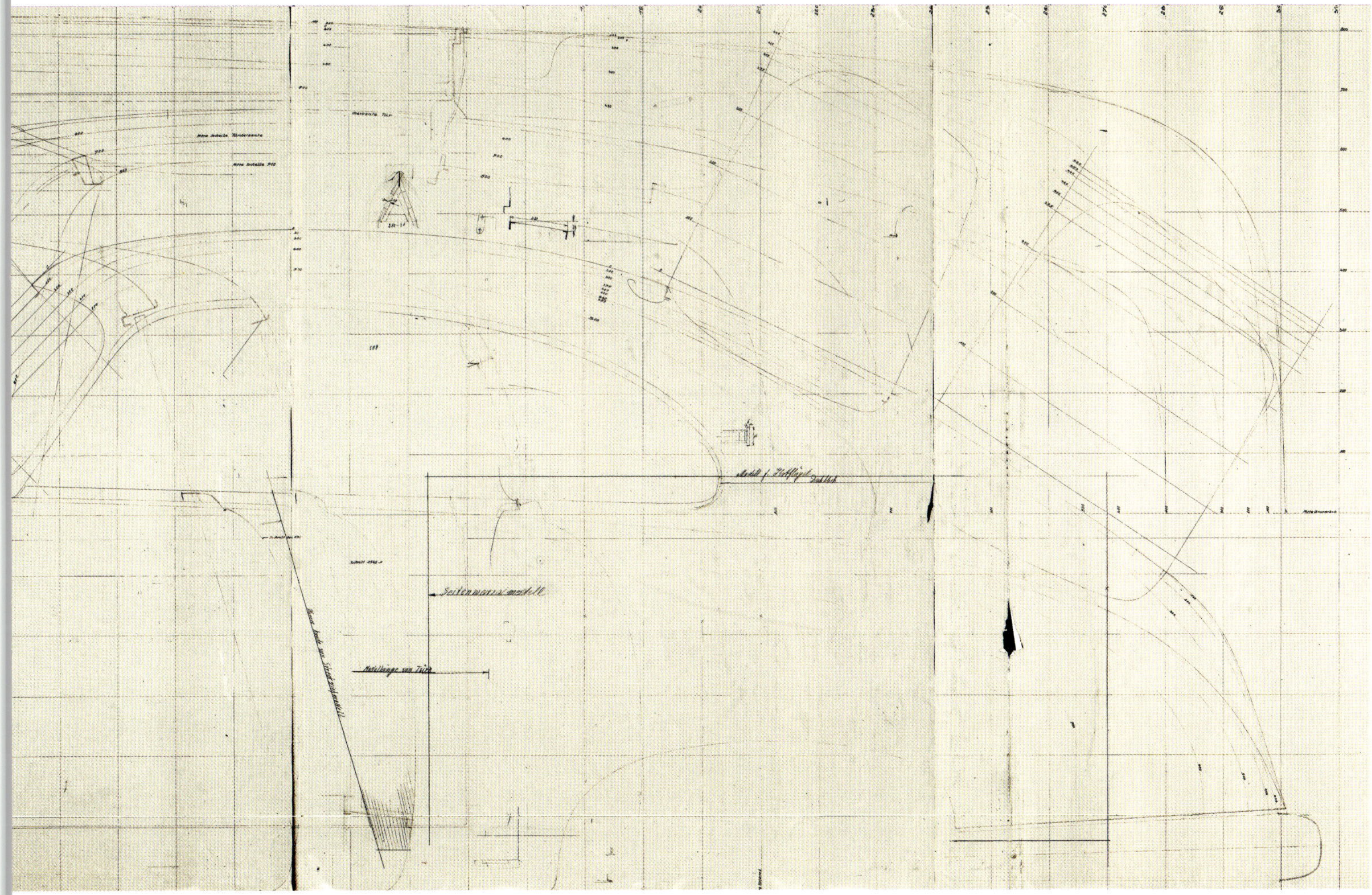

1949 im Zeitraffer

Das Jahr 1949 ist für Porsche geprägt von großen Unsicherheiten und zugleich richtungsweisend. Wie in einem Schachspiel müssen Zug um Zug verschiedene Problemkonstellationen gelöst und neue Risiken so gut es geht umgangen werden. Ganz ohne Verluste ist das Ziel einer Sportwagenproduktion am Stammsitz der Firma Porsche in Stuttgart nicht zu erreichen. Während Mitarbeiter der Konstruktionen GmbH unter Leitung von Betriebsleiter Otto Husslein in Gmünd 1949 laut Angaben von Karl Rabe 42 Porsche-Sportwagen produzieren, liegt die Rentabilität bedingt durch die Fertigungsrate nahe Null. Die Gesellschaft kämpft mit finanziellen Sorgen, die nur durch massiven Personalabbau abzumildern sind. Nachdem das Jahr mit 42 Angestellten und 256 Arbeitern begonnen hat, arbeiten zum Jahresende in Gmünd nun nur noch 23 Angestellte und 12 Arbeiter für die Porsche Konstruktionen Ges.m.b.H.

In Stuttgart sieht es besser, wenngleich nicht viel besser aus. Die Währungsreform und damit das Inkrafttreten der Deutschen Mark am 21. Juni 1948 steht am Beginn eines langen, ersten Geschäftsjahrs für die Firma. Es endet erst am 31. Dezember 1949. Die Schwierigkeiten der Anfangszeit zeigt die begleitende Dokumentation der Stuttgarter Porsche KG, für die 1949 neben drei Arbeitern insgesamt 9 Angestellte tätig sind. Die Geschäfte der Porsche KG beschränken sich auf die Vorbereitung der Produktion, Fahrzeuge werden hier noch nicht gebaut. Hohe Anfangsinvestitionen, der Aufbau eines bescheidenen Verwaltungsapparates neben der nötigen technischen Ausstattung sowie sämtliche Rechts- und Vertragsthemen halten die Ausgaben dennoch auf hohem Niveau. An Erträgen stehen den Aufwendungen außer den Einnahmen für Konstruktionsarbeiten vom Volkswagenwerk im Wesentlichen nur außerbetriebliche Erlöse gegenüber. Die Lizenzgebühren aus Wolfsburg sind die wichtigste und größte Einnahmequelle von Porsche. Die Erlöse durch Lizenzen weiterer Firmen, besonders der bayerischen Achsenfabrik in Wiehl und der Firmen Lanz und Hahn, können die Ausgaben nicht kompensieren. Eine zusätzliche feste Einnahme bedeuten die Mieten des Besatzungskostenamtes für das besetzte Werk 1 mit monatlich 14.200 DM. Am Ende bleibt ein Bilanzgewinn von rund 36.700 DM. Das ist überschaubar, aber immerhin beruhigend. Die Planungen für den Neustart in Zuffenhausen sehen gut aus. Dementsprechend optimistisch stimmt der letzte Satz der Wirtschaftsprüfer: »Die Gesellschafter werden jedoch damit rechnen können, dass der Gewinn des Jahres 1950 den des Vorjahres nicht unterschreitet.«

1950

In dem gemeinsamen Vertrag vom November 1949 sind die konkreten Erwartungen an die Produktionspartner formuliert. Bereits fünf Coupés sollen im April des Jahres von Reutter an Porsche geliefert werden, die Planmenge im Mai verdoppelt und im Juni mit 25 und Juli mit 35 Karosserien monatlich bis zum eingeschwungenen Zustand von monatlich 40 Karosserien gesteigert werden. Ein ambitioniertes Ziel, wenn man bedenkt, dass immer noch nicht alle konstruktiven Unterlagen vorliegen. Um diese Aufgaben bei Porsche erfüllen zu können, wird Erwin Komenda zusätzlich Mitarbeiter Franz Kral zur Seite gestellt – mit der unmissverständlichen Weisung, Komenda bei der Fertigstellung der Chassis- und Karosseriezeichnungen zu 100 Prozent zur Verfügung zu stehen. Die Zeit drängt, Ferry Porsche übt persönlich Druck aus: »Wie bereits besprochen, möchten wir grundsätzlich keine weiteren Änderungen mehr, so dass die Freigabe der Zeichnungen möglichst schnell und die Fertigung möglichst störungsfrei vor sich geht.« Neben Ferry wird auch Ferdinand Porsche über den Fortgang auf dem Laufenden gehalten. Er wendet sich an Albert Prinzing, dankt diesem für seinen Einsatz zum bisher Erreichten und beschwört zugleich die Teamarbeit, denn

Anlage 2.

<u>Kurzbeschreibung zu Sportcoupé -Karosserie</u>

Typ 356

<u>Standardausführung.</u>

R o h b a u

<u>Kasten</u> : aerodynamisch saubere Linienführung bei größter Geräumigkeit, Ganzstahlausführung mit festem Dach in selbsttragendem Verbundbau mit dem Rahmen (siehe besondere Vereinbarung); vom Bug über die Kotflügel bis zum Heck durchlaufende Einschalen-Außenhaut.

<u>Türen</u> : in Ganzstahlausführung, je eine links und rechts am Rahmen vorne angelenkt; beide Türaußengriffe mit Druckknopfbetätigungen, außen abschließbar, Innensicherung der Türen durch Umlegen der Fernschloßinnendrücker; die Innensicherung der Türen wird beim Zuschlagen der Türen entsichert; Hauptschloß als Sternschloß mit Schließkeil, ohne Türführungen; verdeckter Türanschlag.

<u>Deckel</u> : an Bug und Heck sind mit verdeckten- in Offenstellung selbsttätig rastenden- Scharnieren angelenkt; die Deckelschlösser sind vom Wageninnern durch Drahtzüge lösbar; der Heckdeckel trägt das Kühllufteintrittsgitter.

<u>Fensterbeschläge</u> : für Kurbelfenster in den Türen, Rohbauverspannung in Mitte Windscheibe.

<u>Schalttafel</u> : lösbar mit dem Kasten verbunden, enthält Aufnahme für Instrumente, Betätigungen und Ausrüstung, sowie den Ablagekasten mit Klappdeckel.

<u>Elektrische Installation</u> : anschlußfertig bis zur verkehrstechnischen Anlage und Innenbeleuchtung; Scheibenwischermotor- und Wischerarmlagerung.

<u>Gepäckräume</u> : sehr großer Gepäckraum im Wagenfond; Raum für kleines Gepäck im Wagenbug.

<u>Pufferstangen</u> : lösbar an Bug und Heck aufgehängt.

<u>Bodenanlage</u> : Sperrholzeinlagen an der Fußhebelwand und Vordersitzbank leicht lösbar, Holzrost für Werkzeug im Bug.

<u>Sitzanlage</u> : zwei vordere Schiebesitze mit Klapplehnen; Federkerne für Sitz- und Lehnenkissen sattelförmig; behelfsmäßige Sitzgelegenheit im Fahrzeugfond.

<u>Heizung und Lüftung</u> : Heißluftzuführung (vom Motor) an der Schalttafel ein- und ausschaltbar, Wagenheizungszuführung unabhängig von Windscheibenheizung abdeckbar, Wagenbelüftung vom Bug, durch Drahtzug an der Schalttafel einstellbar.

15.2.1950 | Dr. Ing. h.c. F. Porsche K.G. Stuttgart-Zuffenhausen | 0356.50.008 Bl.1

A u s s t a t t u n g

<u>Lacke und Auskleidung</u> nach Kollektionen :

Außenlack Innenlack	4-8 Farbtöne
Polsterbezüge Seitenverkleidung	5-7 Stoffmuster, 4 Kunstledermuster
Deckentuch	3-5 Farbtöne
Teppich	3 Bouclémuster
Bodenmatten	beige,(Gummi oder Kunststoff)
Holzverkleidungen	Nußbaum mattiert
Kunststoff (Griffe,Knöpfe)	elfenbeinfarben

<u>Fußboden- und Gepäckbodenbelag</u> : Gummi- oder Kunststoffmatten im Bugraum, Fußhebelraum, Fußboden zum Behelfssitz und Einstieg.

<u>Seitenverkleidung</u> für Fußhebelraum, Längsträger und hinterer Gepäckraum mit Teppich, für Türen (mit Taschen) und Kofferraum mit Polsterstoff oder Kunstleder, auf Watte oder Filzunterlage bzw. Aluminiumblech oder Hartpappe, Schlüsselleiste aus Nußbaum.

<u>Deckenverkleidung</u> : gespannt mit aufgenähtem Pappestreifen und Reepschnur mit Stahldraht-Querstreben (Filz oder Watte unterlegt).

<u>Polster</u> : mit Stoff- oder Kunstlederüberzügen.

<u>Verglasung</u> : Keilwindscheibe, Fond- und Rückwandfenster mit Gummiprofilen fest eingesetzt. Die Kurbelfenster in den Türen sind in hochglanzbeständigen Metallrahmen gehalten. Alle Scheiben sind aus Sicherheitsglas.

<u>Zierleisten</u> : Karosserie- Aussen- und Innenzierleisten, Zierbeschläge, (Rückblickspiegel, Schalter und Betätigungen, Scheibenwischerarme und -blätter, Beleuchtungsausrüstung, Türaußendrücker, Fensterrahmen u.ä.) sowie Wagenzeichen, Kühllufteintrittsgitter, Einstiegschiene in hochglanzbeständiger Ausführung.Linsenkopfschrauben mit Kreuzschlitz, Flachkopfschrauben mit Querschlitz.

<u>Schalttafelausrüstung</u> : Geschwindigkeitsmesser, Zeituhr, Einsatzblende (austauschmöglich für Empfängereinbau), Ascher, Zündschalter, Anlaßdruckknopfschalter, Licht- und Blinkerschalter mit Kontrolleuchten, Lade- und Oeldruckkontrollleuchten, Zugschalter für Innenleuchte und Scheibenwischer, Drahtzüge für Vergaserluftklappe, Zündverstellung, Wagenheizung und Lüftung.

15.2.1950 | Dr. Ing. h.c. F. Porsche K.G. Stuttgart-Zuffenhausen | 0356.50.008 Bl.2

Die »Kurzbeschreibung zu Sportcoupé-Karosserie vom 15.02.1950« skizziert die Standardausstattung der ersten Porsche 356 aus Stuttgart. Sonderausführungen können nach besonderer Bestellung wunschgemäß ausgeführt werden.

»wie bei ineinandergreifenden Zahnrädern reicht ein gebrochenes, um den Erfolg zu gefährden«. Albert Prinzing nutzt seine Kontakte in Stuttgart, um den Umzug aus Gmünd vorzubereiten. Die am 13. Januar ausgezahlte Überbrückungshilfe für die Rückkehr nach Stuttgart verschafft etwas Spielraum zur Durchführung.

Der Aufbau in Stuttgart bedingt den gleichzeitigen Abbau in Gmünd. Zwischen Karl Rabe und Anton Piëch kommt es zu ernsten Gesprächen über die Zukunft der Produktion und des Konstruktionsbüros in Kärnten. Zieltermin für die Aufgabe der Betriebsstätte in Kärnten soll der 31. März werden. Die Aufgabe des Produktionsstandortes ist beschlossen, noch steht die Option im Raum, das eigentliche Produktionsbüro in Österreich, wenigstens in Salzburg zu beheimaten. Trotz aller Bedenken bezüglich der Verlagerung nach Stuttgart werden erste Maschinen verkauft und weiteren 17 Mitarbeitern soll bis Ende Januar gekündigt werden. Darunter auch ein Angestellter, der den Betrieb in Gmünd maßgeblich zusammengehalten hatte.

Bei der Besprechung mit dem Betriebsrat verkündet Anton Piëch die Kündigung von Otto Husslein. Hans Kern teilt diese am Abend dem bisherigen Betriebsleiter mit, der mit Verärgerung auf den drastischen Schritt reagiert. Husslein lässt sich so leicht nicht abservieren und fährt noch im Januar zusammen mit Hans Kern nach Stuttgart. Seine Kündigung kann er verhindern, eine dauerhafte Zukunft wird er bei Porsche nicht haben. Er bereitet die Betriebsverlagerung nach Stuttgart mit vor, ohne dort selbst eine Rolle zu übernehmen. Im April 1950 lehnt Ferry Porsche seinen Umzug nach Stuttgart endgültig ab und Otto Husslein verabschiedet sich von seinen geschätzten Kollegen, allen voran Karl Rabe. Es ist nur ein Abschied auf Zeit. Vermutlich auf Vermittlung von Karl Rabe wird Otto Husslein doch noch in den Start der Serienfertigung der Porsche Sportwagen aus Deutschland eingebunden. Mit seinem technischen Verständnis und der Kenntnis der beteiligten Personen sorgt er für den Produktionsablauf der Porsche 356 Cabriolet-Karosserien bei der Firma von Erich Heuer in Ullersricht bei Weiden (Oberpfalz).

Der Aufbau in Stuttgart bedingt den gleichzeitigen Abbau in Gmünd. Die Aufgabe des Produktionsstandortes in Kärnten ist beschlossen.

Die Entscheidung für Stuttgart ist gefallen und muss von allen verbleibenden Beteiligten mitgetragen werden. Es gilt, sich wieder verstärkt auf die konstruktiven Details zu konzentrieren, um den Lieferplan nicht weiter zu gefährden. Erwin Komenda reist nach Stuttgart. Ferdinand und Ferry Porsche besprechen mit Karl Rabe in Gmünd letzte Details zum neuen Motor Typ 369. Das neue Aggregat wird am 8. Februar erstmals in einen Sportwagen 356/2 eingebaut und Franz Karl folgt am Nachmittag Erwin Komenda auf Achse Richtung Stuttgart. Ferry reist wenige Tage später ebenfalls in die alte schwäbische Heimat.

Beim Stuttgarter Karosseriewerk Reutter werden zu Beginn des Jahres in der Augustenstraße noch die Prototypen für BMW fertiggestellt. Allerdings ist auch hier die Entscheidung gefallen – ein paralleler Serienanlauf für BMW und Porsche ist nicht machbar. Reutter setzt alles auf eine Karte – die Zusammenarbeit mit Porsche. Porsche zieht mit der Motorenfertigung ins Reutter Werk II in Zuffenhausen und das Karosseriewerk selbst bereitet den Anlauf der Karosserieproduktion für den Porsche Sportwagen im Reutter Werk I in der Augustenstraße 82 im Stuttgarter Westen vor. Folgerichtig werden die Entwicklungsarbeiten für den Auftrag mit Überstunden der Werkzeugmacher weitergeführt und auch das technische Büro arbeitet mit vielen Überstunden für Porsche. Im

Januar umfasst die Reutter-Belegschaft 263 Mitarbeiterinnen und Mitarbeiter, immerhin 16 Lehrlinge werden hier für ihre zukünftigen Aufgaben ausgebildet. Die Investitionen sind erheblich. Das Fundament für die neue Streckziehpresse der Firma Müller ist vorbereitet, das Herzstück der künftigen Produktion wird kurz darauf geliefert. Da die sonstige Auftragslage sehr schlecht ist und auch über Reparaturarbeiten nur wenig Umsatz erzielt werden kann, werden jegliche weiteren Bautätigkeiten unverzüglich ein- und alle vermeidbaren Investitionen zurückgestellt. Ohne erfolgreiche Kreditverhandlungen mit den Hausbanken hätte die Investitionsentscheidung für den Porsche-Auftrag zu diesem Zeitpunkt das Ende der Geschäftstätigkeit des Karosseriewerks bedeutet.

Ergänzung zum Liefervertrag

Bezüglich der Konstruktion bleibt das Problem, dass von Porsche noch immer nicht alle Zeichnungen für den in Deutschland zu produzierenden Sportwagen vorliegen. Mitte Februar ist zumindest ein vorläufiger Stand erreicht. Nach einer ausführlichen Durchsicht bringt Erwin Komenda die zu den technischen Zeichnungen gehörenden Stücklisten der Karosserie und des Rahmens auf einen abschließenden Stand. Wie sehr zu dieser Zeit noch improvisiert werden muss, belegt die gemeinsame Abmachung von Reutter Betriebsleiter Walter Beierbach und Erwin Komenda, dass die endgültigen Details zu Seitenverkleidungen, Sitzbezügen, Polsterung und Federkernen, zu Kabellängen wie auch die finalen Spezifikationen über Lacke und metallische Überzüge sowie Hilfsstoffe erst nach Produktionsstart, begleitend zur Fertigung der ersten Wagen, festgelegt werden. De facto bedeutet dies, dass die ersten Wagen aus Stuttgart allesamt noch Test- und Versuchswagen für die finale Serienausstattung sein werden. So erklären sich die unterschiedlichen Details der Fahrzeuge der ersten zwei Fertigstellungsmonate April und Mai. Ebenfalls zurückgestellt werden die Maßnahmen zur Schalldämpfung, diese sind laut Erwin Komenda material- und versuchsabhängig. Was in der Lieferbeziehung zwischen Reutter und Porsche zu Unsicherheiten führt, eröffnet den wenigen ersten privaten Kunden ungeahnte Möglichkeiten des Einflusses nach ihren persönlichen Wünschen. Dazu passt ein Schreiben von Porsche an Ottomar Domnick vom 15. April 1950, der der Fertigstellung seines lang bestellten Fahrzeugs entgegenfiebert. »Anbei senden wir Ihnen die Farbmuster, die von der Firma Reutter nunmehr streng nach Ihren gestern geäusserten Wünschen gemischt werden. Sollten diese Muster noch nicht ganz Ihrem Wunsch entsprechen, so bitten wir Sie, sich nochmals unmittelbar mit der Firma Reutter in Verbindung zu setzen.« Es ist der Beginn eines Programms zur Farbe nach Wahl, noch bevor die Serienfarben festgelegt sind.

Nach der ausführlichen Durchsicht und der beschriebenen Zurückstellung der genannten Ausstattungsthemen konkretisiert eine schriftliche Anlage zum bestehenden Vertrag mit Reutter den erwarteten Lieferumfang. Ebenfalls am 20. Februar unterzeichnen Walter Beierbach und Erwin Komenda die Abweichungen zum Liefervertrag vom 02.11.1949. Damit existiert für die Karosserie nun eine ausführliche Lieferbeschreibung anstelle der aus Gmünd überstellten Kurzbeschreibung des Sportcoupés 356. Mit dreimaligem Durchschlag an Reutter sowie Kopien an Porsche – hier namentlich Prof. Prinzing und Karl Kirn – wird der Lieferumfang für den Rahmen aufgestellt und folgende Abweichungen zu den zum Teil nur mündlich vereinbarten Ausführungen festgelegt:

minus

1) Lenkungsaufhängung und Schutzrohrmontage entfällt aus Reutter-Lieferung.
2) Befestigung der Handbremse entfällt aus Reutter-Lieferung.

Beschreibung des Lieferumfanges für die
Karosserie des Sportcoupé's Typ 356.

Auf Grund der Vereinbarungen mit der Fa. Reutter, Stuttgart, wurde der Lieferumfang der Karosserie das Sport-Coupés wie nachstehend beschrieben festgelegt :

Grundlagen des Lieferumfanges sind :

a) Wagenbild 1:10 — Z.Nr. 0356.00.111
b) Beschreibung des Lieferumfanges f. den Rahmen — Z.Nr. 0356.49.007
c) Kurzbeschreibung zum Sport-Coupé — Z.Nr. 0356.50.008
d) Stückliste Typ 0356, die Lieferungen der Fa. Reutter, Stuttgart, sind in der Stückliste durch Kreuz (+) einzeln gekennzeichnet.

A. Karosserie.

Hinsichtlich der Ausführung und Lieferung der Karosserie sind Stücklisten und Zeichnungen maßgebend.

Zur Kurzbeschreibung des Sport-Coupés Z.Nr. 0356.50.008 wird bemerkt, daß die elektr. Leitungen anschlußfertig bis zu den Anschlußklemmen des Triebwerks durch die Fa. Reutter ausgeführt werden, jedoch ohne Triebwerkseigene Leitungen (wie Zündleitungen, Leitung Triebwerk-Masse). - Die Ausführung der Anschlüsse an das Triebwerk obliegt der Fa. Porsche.

Die Fa. Reutter führt die Schlußkontrolle der verkehrstechnischen Einrichtung gemäß Verkehrsrecht durch, wie Einstellung der Scheinwerfer, Funktion der Wischeranlage, Blinkeranlage u.s.f.

Die Schlußausrüstung des Fahrzeugs mit zwei Zünd- und Wagenschlüssel mit je einem Täschchen, sowie Karosserieprospekte obliegt der Fa. Reutter. Die Fa. Reutter befestigt ihr Firmenzeichen in geschmackvoller Ausführung sichtbar am Fahrzeug.

Sonderausführungen nach Kundenwünschen bedürfen der Bestellung durch den Kunden.

B. Fahrgestell.

Zusätzlich zu der Beschreibung des Lieferumfanges für den Rahmen Z.Nr. 0356.49.007 gelten für die Komplettierung des Fahrgestells folgende Vereinbarungen :

20. 2. 1950		0356. 50. 007 Bl. 1

Ausführung der Verlegung der Antriebswellen für Tachometer und Tourenzähler sowie Montage und Anschlüsse dieser Anzeigeninstrumente und der Zeituhr; die Anlieferung der Instrumente mit Antriebswellen wie auch die Anschlüsse der Antriebswellen an die Geber zu den Instrumenten obliegen Porsche.

Halterungen von Werkzeugen und Zubehör in sauberer, zweckgerechter Anordnung, soweit diese nicht in einer Werkzeugtasche untergebracht werden können, z.B. für Wagenheber und Wagenheberkurbel; die Unterbringung und Halterung von Sonderwerkzeug und Sonderzubehör (nach Kundenwunsch wie Luftpumpe u.ä.) fallen unter Sonderausführung und bedürfen der Bestellung durch den Kunden.

Abstimmung aller sichtbaren Fahrgestellteile hinsichtlich ihrer Oberflächenbeschaffenheit (Lackierung, Verchromung, Kunststoff- oder Holzgriffe) besonders in der Schlußbehandlung wie Reinigung und Polieren.

Die Schlußausrüstung des Fahrzeuges mit Werkzeugtasche und Werkzeug, Zubehör, Batterie, Schmier- und Kraftstoff, Fahrzeugprospekte und Lieferlisten obliegt der Lieferung und Ausführung Porsche.

Stuttgart, den 20.2.1950

Für die Firma Reutter :

(Beierbach)

Für die Firma Porsche :

(Komenda)

20. 2. 1950	Dr. Ing. h. c. F. Porsche K.G. Stuttgart-Zuffenhausen	0356. 50.007 Bl. 2

Die Aufstellung vom 20.02.1950 fasst die verschiedenen einzelnen Beschreibungen zu Wagenbild, Rahmen, der Ausstattung und Stücklisten zusammen und ergänzt: »… Die Fa. Reutter befestigt ihr Firmenzeichen in geschmackvoller Ausführung sichtbar am Fahrzeug«.

3) Schaltstangen-Lieferung und Einbau entfällt aus Reutter-Lieferung, hiervon verbleibt nur die Anfertigung und Montage der Lagerungsteile.

plus

4) Vergaserbetätigungsgestänge: ein Teil des vorderen Hebelwerks unter dem Pedalboden wurde der Reutter Lieferung hinzugefügt.
5) Startklappenbetätigung: die Drahtzugbetätigung ändert sich für die Vergaser des neuen Motors in eine Druck-Zugbetätigung.

minus

6) Lenkzündschloss wurde geändert in ein einfaches Zündschloss (bleibt bei Reutter Lieferung).
7) Verlegung der Kraftstoffleitung und -anschlüsse (Kupferrohr und kraftstofffester Gummischlauch) entfällt aus der Reutter Lieferung. Die rechtzeitige Verlegung der Kraftstoffleitungsrohre (in der Rahmenschweißvorrichtung durch Reutter oder am Rohbau durch Porsche) ist zu erproben.
8) Rückfahrtlicht und Rückfahrtlichtschalter mit Befestigungen entfällt aus Reutter Lieferung, wurde für Sonderausführung zurückgestellt.
9) Die Vereinbarung für Glanzteile, Messing matt oder glanzverchromt, wurde auf Verwendung von hochglanzbeständiger Leichtmetalllegierung erweitert.
10) Isolierende und versteifende Unterlagen für Bodenmatten aus Gummi oder Kunststoff entfallen.
11) Außen- und Innenhaut der Karosserie wurden von Leichtmetall auf Stahlbleche geändert.

Bereits mit Abschluss dieser Vereinbarung halten die Parteien fest, dass zu erwarten ist, »dass im Laufe der Auftragsabwicklung der Arbeits- und Lieferumfang bei beiden Firmen Änderungen erfährt«.

Ein Holzmodell auf Basis der ersten Zeichnungen dient dazu, Abweichungen der Teile in der anlaufenden Produktion zu erkennen.

Besonders der letzte Punkt der Vereinbarung wird einen wesentlichen Unterschied der in Stuttgart hergestellten Sportwagen gegenüber den bislang in Handarbeit aufgebauten Fahrzeugen aus Kärntner Produktion ausmachen. Was zuvor mündlich besprochen wurde, steht nun Schwarz auf Weiß in der Vereinbarung. Die Umstellung von einer Aluminiumkarosserie auf die Verwendung von Stahlblechen ermöglicht Kalkulation auf niedrigerem Niveau und damit Kosteneinsparungen im Anlauf und ist zugleich auf eine stabile Serienproduktion höherer Stückzahlen ausgelegt. Die Verwendung von lediglich vierstelligen Fahrgestellnummern deutet allerdings nicht auf überzogene Erwartungen hinsichtlich der Stückzahlen hin, zumal die neue Serie mit der Fahrgestellnummernvergabe ab #5000 startet.

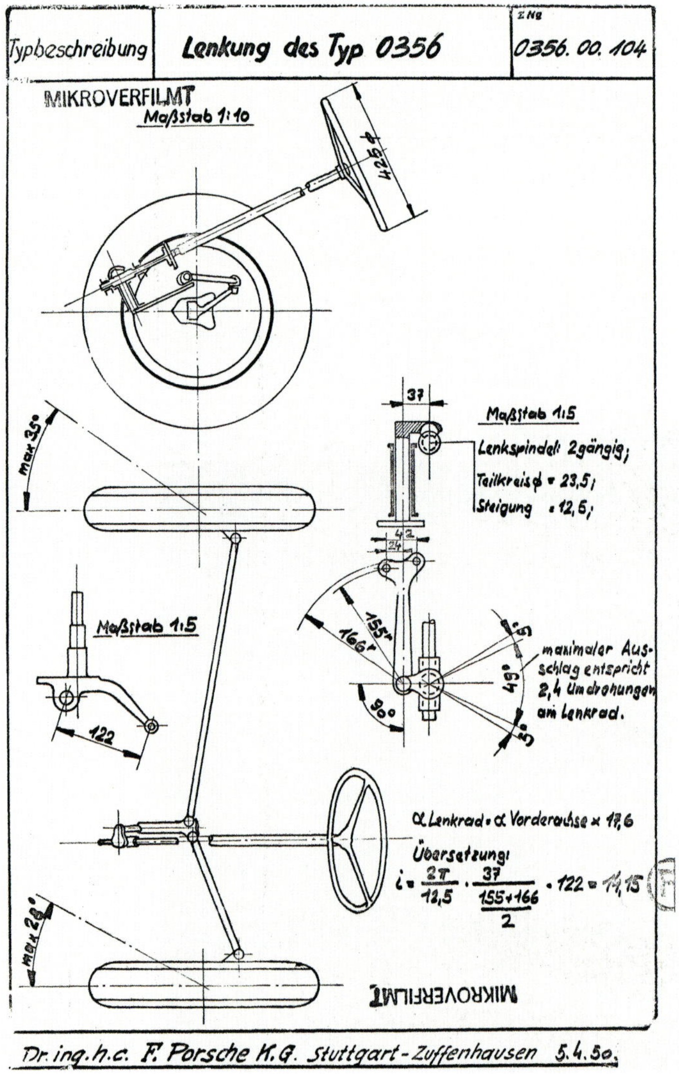

Nach und nach werden die Einzelheiten festgelegt. Die Zeichnung »Lenkung des Typ 0356 vom 5.4.50.« entsteht nun im Büro Stuttgart.

Die Vereinbarung zum Lieferumfang der Karosserie umfasst neben der Herstellung der Sitze und Innenverkleidung auch die komplette, anschlussfertige elektrische Installation und eine ab Werk eingebaute Heizung. Mit dem Vertrag vom 20.02.1950 überträgt Porsche den Spezialisten von Reutter die Schlusskontrolle der fertigen Fahrzeuge. Das Karosseriewerk wird verpflichtet, die Fahrzeuge mit je zwei Zünd- und Wagenschlüsseln (jeweils in einem Täschchen) und Karosserieprospekten auszustatten. Die Ausrüstung mit Batterie, Schmier- und Kraftstoffen sowie Werkzeugtasche, Fahrzeugprospekten und Lieferlisten obliegt der Firma Porsche. Noch bevor das erste Fahrzeug die Produktion durchläuft, denkt Porsche über individuelle, aufpreispflichtige Sonderausstattungen nach. Hierzu gehören unter anderem ein zweites Signalhorn, ein Rückfahrtlicht mit Schalter, Zigarrenanzünder, Radioanlage, Pufferstangenhörner, Plüschteppiche als Boden- und Seitenbeläge, Sitze und Seitenverkleidung in Echtleder sowie verchromte Sitzbeschläge. Bis dahin arbeiten die Vertragspartner jedoch noch an grundsätzlichen Themen.

Auf Basis der an Reutter übergebenen Zeichnungen werden hier eigene Zeichnungen erstellt. Diese dienen zunächst dazu, ein Holzmodell des neuen Sportwagens anzufertigen. Am 1:1 Abbild können nun die Urmuster der Blechteile, die später im Rohbau zur gesamten Außenhaut zusammengesetzt werden, als Vorlage für den Werkzeugbau von Hand erstellt werden. Dabei entstehen die geformten Blechstücke nicht direkt auf dem Holzblock, dieser dient dazu, die Formen fortwährend zu überprüfen. Durch Anhalten an das Holzmodell werden geringe Abweichungen zwischen Soll- und Istzustand erkennbar, bis die Teile exakt den Konstruktionsplänen entsprechen. Nach und nach entstehen damit die Vorlagen für die Werkzeuge zur Produktion. Bei weitem nicht jedes Teil des Porsche 356 wird in der Augustenstraße von Beginn an maschinell hergestellt, dazu fehlt es an nötigen Arbeitsmitteln. Insbesondere die Teile der Karosserie-Innenhaut, die Armaturenbretter und die Heckdeckel der Fahrzeuge fertigen die Karosserieflaschner von Reutter in Handarbeit. Zunächst entsteht der in Serie gedachte Porsche 356 anfangs zu 60 bis 70 Prozent in Handarbeit. Für die Werkzeuge des 356 entstehen Reutter im Monat März Kosten in Höhe von 40.000 DM, folglich werden weiterhin alle anderen Arbeiten und Investitionen zurückgestellt, um diese erhebliche finanzielle Belastung stemmen zu können.

Arbeiten unter Hochdruck

Technische Entwicklung, Dokumentation und Produktion laufen nun zeitgleich. Bei Porsche ist Karl Rabe mit Federberechnungen beschäftigt, während Karosseriekonstrukteur Franz Trüby eine von August Klie begonnene Zeichnung im Maßstab 1:10 fertigstellt, die zur Typisierung des Sportwagen Typ 356 benötigt wird. Karl Rabe besichtigt am 25. März 1950 in Begleitung von Versuchsingenieur Heinz Altenberg und Betriebsleiter Hans Klauser im Reutter Werk

Besonders markant ist das hier hinter dem Fahrer zu sehende Blech über dem Getriebe, das in dieser Form nur bei den frühen, handgefertigten Autos verbaut wurde und auch bei 5006 zu finden war (vgl. S. 198).

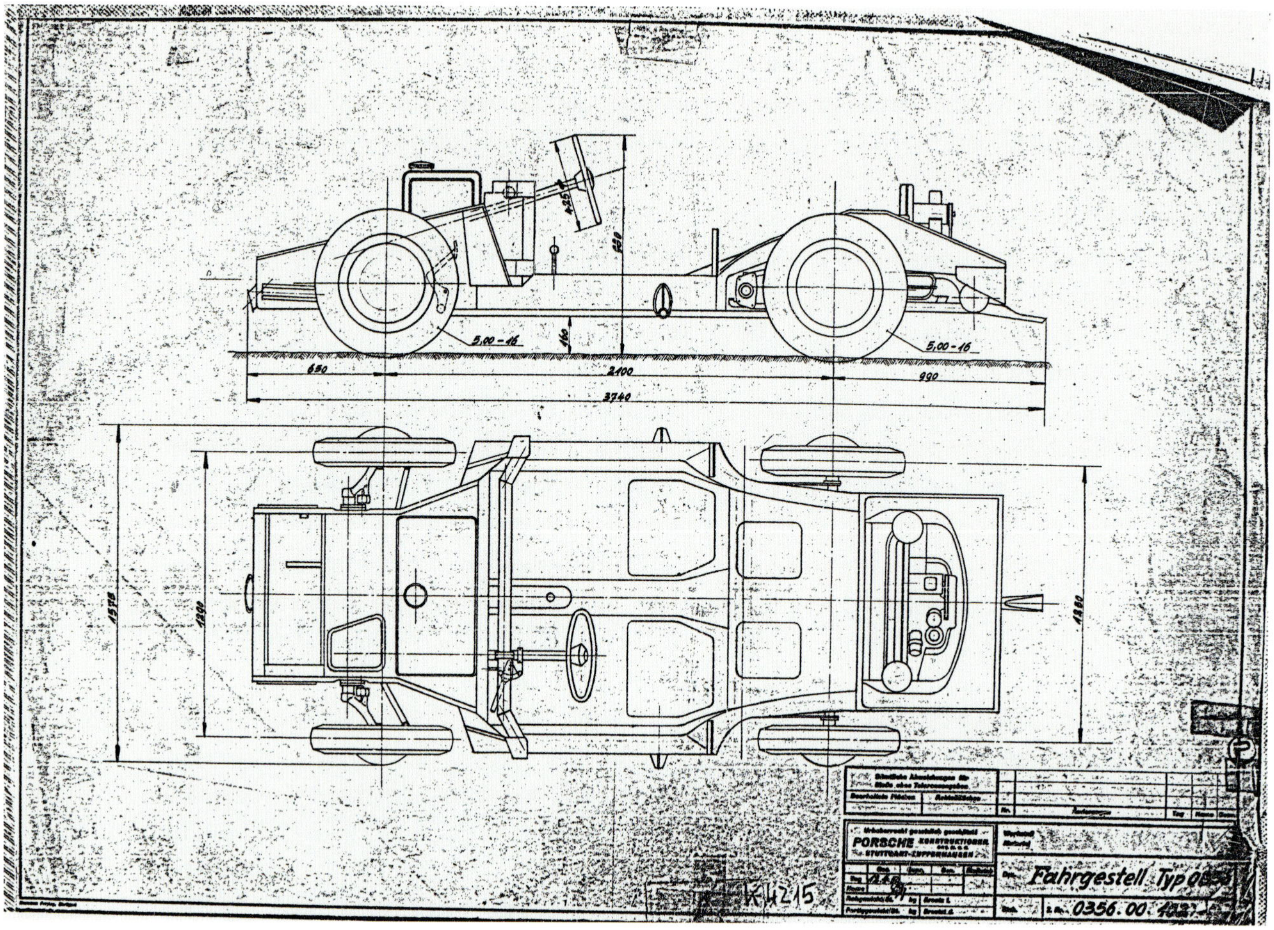

Zeichnung der Porsche Konstruktionen GmbH Stuttgart-Zuffenhausen: »Fahrgestell Typ 0356 vom 12.04.1950«.

Zuffenhausen das 356-Chassis und begutachtet beim Untermieter Porsche den Sportwagenmotor Typ 369 auf der Bremse. Im Anschluss an diesen Termin fahren Karl Rabe und Otto Husslein in die Augustenstraße in den Stuttgarter Westen zur Besichtigung der in Arbeit befindlichen Karosserie.

Dort geht die erste Porsche-Karosserie aus Stuttgarter Produktion ihrer Fertigstellung entgegen. Die Reutter-Mitarbeiter montieren Räder an die fertige, jedoch noch unlackierte Rohkarosse. Ferry Porsche, Erwin Komenda und Seniorchef Ferdinand Porsche treffen kurz darauf zur Inspektion im Betriebshof der Augustenstraße ein. Ferry Porsche berichtet später, sein Vater habe sich den Wagen still und ausgiebig von allen Seiten angesehen und sich schließlich auf einen Hocker genau vor die Rohkarosserie gesetzt. Nach einer Weile äußerte sich der Professor: »Der Wagen muss zurück in die Werkstatt, die Karosserie stimmt nicht. Sie ist nicht symmetrisch!« Und tatsächlich: Ferdinand Porsche hat Recht. Der Aufbau ist um 20 Millimeter aus der Mittelachse nach rechts verschoben. Dies ist nicht das einzige Mal, dass Ferdinand Porsche sich einbringt und die Arbeiten bei Reutter persönlich kontrolliert. Bereits am 31. März sind die Korrekturen umgesetzt und Karl Rabe besichtigt gemeinsam mit Walter Beierbach den Prototypen in der Lackierung. Die hellgraue Ausführung wird später namensgebend für den Spitznamen dieses ersten Fahrzeugs aus deutscher Produktion sein: der »Windhund«.

Der erste Wagen

Bis kurz vor Fertigstellung des ersten Porsche aus Deutschland mit der Fahrgestellnummer 5002 wird an den Zeichnungen gearbeitet, die eigentlich die technische Basis dessen bilden, was Reutter im Karosseriebau umsetzen muss. Insbesondere Zeichnung 0356.00.101 »Porsche Limousine Gesamtzusammenstellung« im Maßstab 1:10 vom 28.03.1950 (Zeichner Franz Trüby) wird zur Vorlage der schon im Bau befindlichen Sportwagen. Reutter Geschäftsführer Ernst Körner fasst die Situation im Berichtsmonat April zusammen: »[...] der Konkurrenzkampf und die Geldknappheit ist groß, es werden nur Aufträge erteilt, deren kurzfristige Lieferung möglich ist. Aber es gibt auch Anlass zur Zuversicht: Der 1. Porsche Wagen kam am 4. April zur Ablieferung [...]«. Erstmals ergänzt er die monatliche Statistik um einen neuen Punkt: »Fertigung: Porsche Coupé: 1«. Die Ablieferung der fertig ausgestatteten und lackierten Karosserie wird direkt in Rechnung gestellt und bedeutet die ersten Erlöse in diesem Projekt. 4.700 DM stehen allerdings weiteren Investitionen in Höhe von 30.000 DM für die Porsche-Produktion im April gegenüber, der Anfang ist jedoch gemacht. Die Verlegung der Rahmenfertigung in den ersten Stock in die ehemalige Wagnerei schafft den nötigen Platz für den Rohbau der nächsten Karosserien. So recht bewusst ist dieser Meilenstein zum damaligen Zeitpunkt der Betriebsleitung im Karosseriewerk offensichtlich nicht. Ernst Körner notiert abschließend: »Besondere Ereignisse: keine«.

Kurz vor Ostern steht die technische Ausstattung des Porsche 356, denn auch bei Porsche arbeiten die Ingenieure mit Hochdruck an der Fertigstellung von Motor und Getriebe. Während die Montage und Prüfläufe in den angemieteten Hallen von Reutter an der Schwieberdinger Straße stattfindet, hat Porsche auf der gegenüberliegenden Straßenseite ein provisorisches Konstruktionsbüro eingerichtet. Diese nahegelegene Holzbaracke dient als provisorisches Büro bis zum erwarteten Freiwerden des eigenen Werks, das Porsche 1938 bezogen hatte. Doch nach Ausbruch des Koreakrieges und der damit einhergehenden erhöhten Alarmbereitschaft des amerikanischen Militärkommandos sollte die Zwischenlösung noch weitere zwei Jahre der offizielle Firmensitz von Porsche sein. Eine Freigabe des alten Werks rückt in weitere Ferne. Etwa 200 Quadratmeter Fläche für Büros und Zeichentische stehen im Provisorium an der Schwieberdinger Straße 141 zur Verfügung. Den aus Gmünd übersiedelnden Mitarbeitern wird kaum ein Unterschied zu Situation in Kärnten auffallen, viel Zeit zum Vergleichen bleibt allerdings nicht. Die Zeichnungen vom 5. April zur Lenkung und zum Getriebe des 356 entstehen am Vortag der Fertigstellung des Porsche 356 »Windhund« am Gründonnerstag 1950. Ein bedeutender Tag für Porsche in Stuttgart. Karl Schmidt, Hugo Heiner, Alfred Haag, Alfred Waibel, Gustav Wölfle, Hans Klauser, Herbert Linge, Karl Kirn, Eberhard Storz und Alfred Braunschweiger präsentieren am 6. April in Zuffenhausen das Ergebnis der gemeinsamen Anstrengungen der letzten Monate allerdings in Abwesenheit der Führungsriege und ohne große Feierlichkeiten. Unvermindert arbeiten die Ingenieure an der Weiterentwicklung der äußeren Darstellung. Mit der Zeichnung 0356.58.031 (06.04.1950) entstehen verschieden Versionen des Porsche Schriftzuges auf der Fronthaube, der künftig als Standard hergestellt und verwendet werden soll. Bis dahin werden – wie bereits in Gmünd praktiziert – die einzeln angebrachten Buchstaben des P O R S C H E Schriftzuges ein Merkmal der ersten Kleinserie aus Stuttgart bleiben.

Ferry (r.) und Ferdinand Porsche (schwarzer Hut) begutachten mit Erwin Komenda (heller Hut) und Reutter-Betriebsleiter Walter Beierbach (weißer Kittel) die erste Rohkarosserie.

Stuttgart und Zuffenhausen

Mit Ablieferung des ersten Aufbaus beginnt die Serienfertigung der Porsche-Coupés bei Reutter. Vermutlich aufgrund der ohnehin schwierigen Bedingungen in der Entwicklungsphase und im Hochlauf der Fertigung entscheidet Porsche, zur Fertigung der Cabriolet-Karosserien einen zweiten Hersteller zu verpflichten. Das erste Cabriolet der neuen Serie entsteht mit der Fahrgestellnummer 5001 bei der Karosseriefabrik Erich Heuer. Es wird nach dem Reutter-Coupé 5002 fertiggestellt und Ende April an Porsche geliefert. Reutter fertigt dazu die Bodenrahmen, später werden auch ganze Sätze Pressteile an Heuer geliefert. Neben zwei Bodenrahmen Typ P356 entstehen beim Stuttgarter Karosseriewerk Reutter im Mai nun sechs Coupé-Karosserien. Im Betriebshof werden diese einzeln nach ihrer Fertigstellung auf einen Hänger verladen und damit den etwa 11 km langen Weg nach Zuffenhausen transportiert. Die lackierten Karosserien mitsamt der fertigen Innenausstattung erreichen die Porsche-Produktionsstätten und können dort mit Motor und Antriebsstrang verbunden werden. Die Antriebsaggregate bezieht Porsche vom Volkswagenwerk und ändert diese in Stuttgart den technischen Notwendigkeiten entsprechend. Die komplettierten Fahrzeuge kommen auf Räder und werden der Abteilung Endkontrolle von Reutter übergeben. Diese befindet sich ebenfalls in Zuffenhausen,

Die stolzen Mitarbeiter im Hof der Augustenstraße vor dem fertigen Wagen. Meister H. Weingart, Emil Schneider, N.N., Helmut Dickert, Karl Betsch, Schraitle, Schilling, N.N., und Meister W. Kleinholz (v.l.).

sodass ein Rücktransport der Fahrzeuge in den Stuttgarter Westen nicht notwendig ist.

Zwar ist die Entscheidung für den Aufbau in Ganzstahlbauweise gefallen, doch glücklich ist Ferry Porsche damit nicht. Am 1. Mai besucht eine Delegation von Porsche die Leichtmetallbaufirma Zarges in Weilheim (Oberbayern). Die Aluminiumspezialisten sollen prüfen, ob wenigstens die Türen, die vorderen und hinteren Deckel, die Schalttafel und der Kraftstoffbehälter in Leichtmetall ausgeführt werden können. Ein weiterer Besuch ist bei Reutter geplant, um auf den dortigen Pressen die Teile probeweise herzustellen. Grundsätzlich sollte die Herstellung machbar sein, die Versuche bei der Firma Zarges zeigen jedoch zwei Aspekte auf, die vermutlich zur Einstellung dieser Überlegungen zu diesem frühen Zeitpunkt des Serienanlaufs führen. Die Produktion von Kraftstoffbehältern aus Aluminium für Motorräder zeigt, dass auch die Fertigung für die Porschewagen möglich ist. Allerdings »wirkt die Reparaturfrage (insbesondere schweissen) störend«. Noch entscheidender als die Frage, ob das Servicenetzwerk solche Spezialarbeiten durchführen könnte, ist der Preis. Erwin Komenda berichtet Ferry Porsche und Albert Prinzing am 3. Mai über den Besuch in Weilheim, dass die mit diesen Behältern ermittelten Kosten im Vergleich zu Stahlblechbehältern um bis zu 40 Prozent höher liegen werden. Ein K.-o.-Kriterium für die Kalkulation.

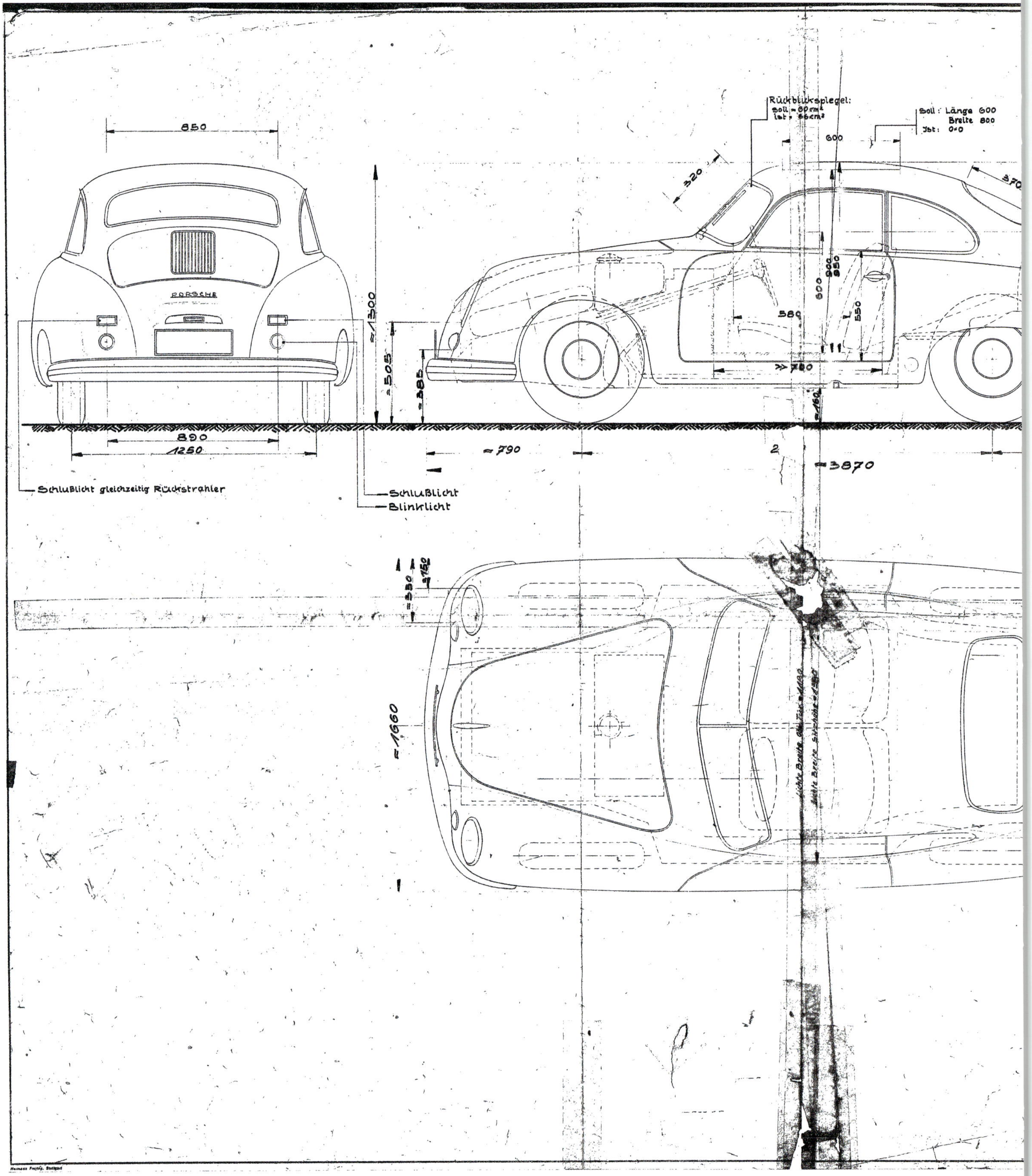

850
PORSCHE
≈1300
≈505
≈385
890
1250
≈790
2
≈3870
≈160
Schlußlicht gleichzeitig Rückstrahler
Schlußlicht
Blinklicht
Rückblickspiegel:
Soll: Länge 600
Breite 800
600
320
580
550
≈1660

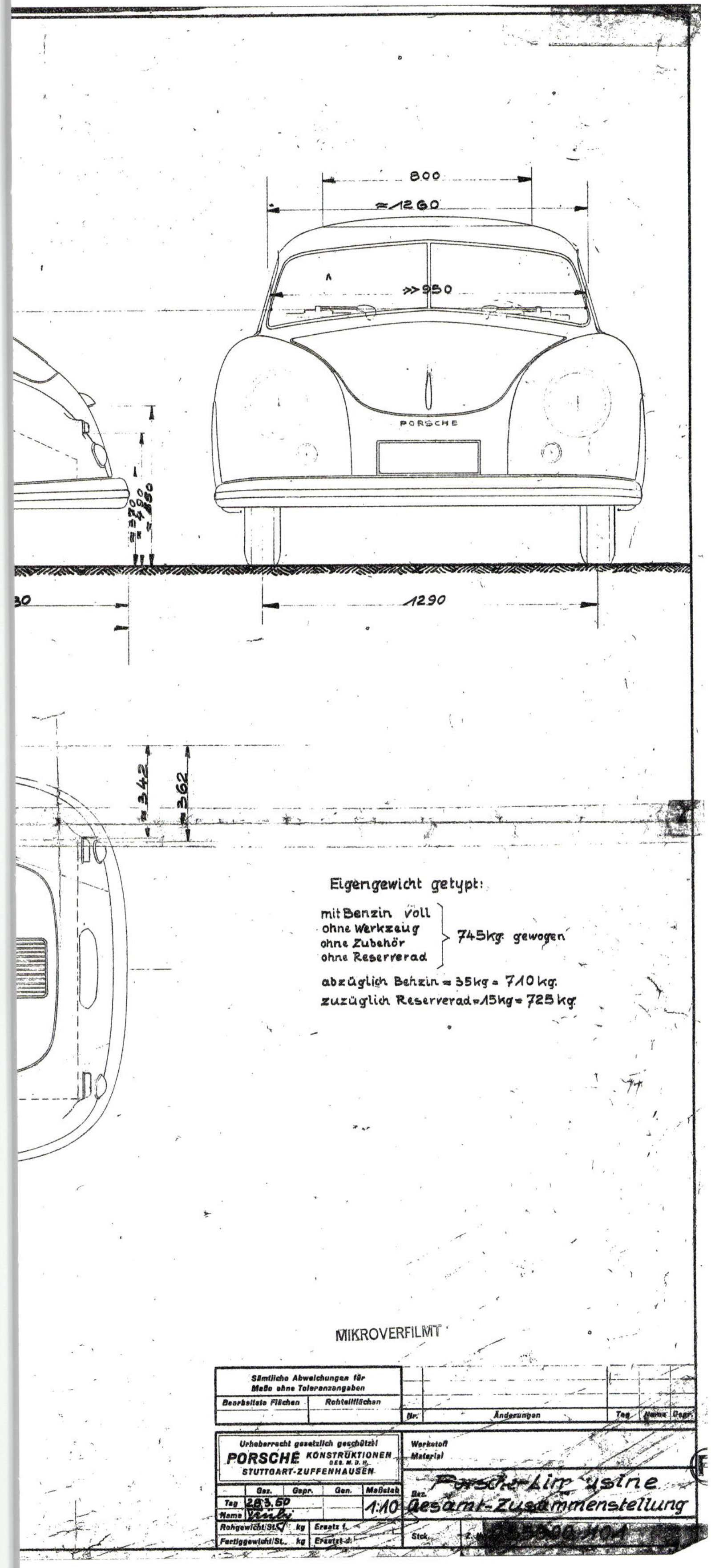

»Gesamtzusammenstellung Porsche Limousine vom 28.3.50«: Im Unterschied zu den Plänen vom 19.06. ist die Frontscheibe 10 mm weniger hoch, das Heckfenster ist ab Juni 5 mm höher. Die Spurbreite bleibt identisch, die spätere Version ist jedoch im Bereich der Dachpartie um 30 mm breiter, allerdings in der gesamten Höhe um 10 mm flacher. Ebenfalls im Juni löst der nun zusammenhängende Porsche-Schriftzug die bisherigen Einzelbuchstaben der ersten Fahrzeuge ab.

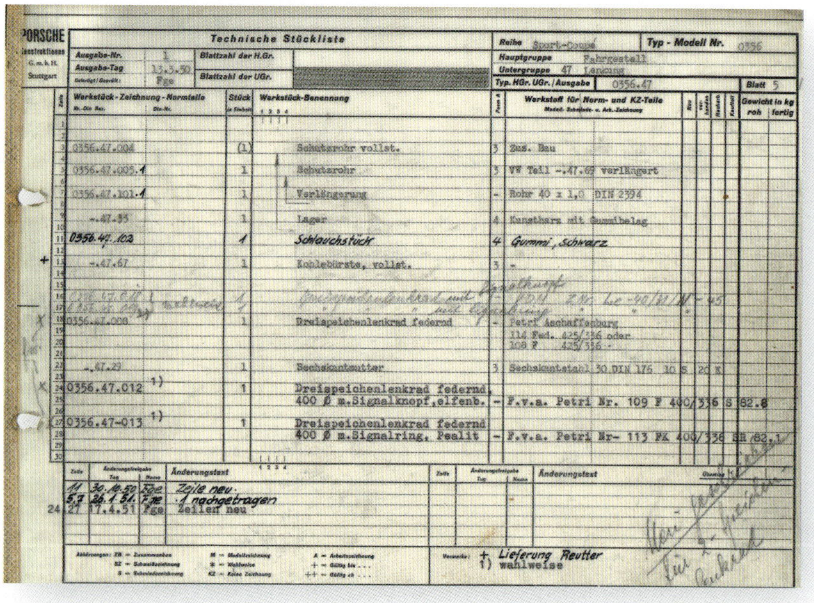

PORSCHE Konstruktionen G.m.b.H. Stuttgart

Technische Stückliste

Ausgabe-Nr.	1	Reihe	Sport-Coupé
Ausgabe-Tag	13.3.50	Typ - Modell Nr.	0356
Gefertigt/Geprüft	Fge	Hauptgruppe	Fahrgestell
Blattzahl der H.Gr.		Untergruppe	47 Lenkung
Blattzahl der UGr.		Typ. HGr. UGr./Ausgabe	0356.47
		Blatt	5

Zeile	Werkstück-Zeichnung-Normteile	Stück	Werkstück-Benennung	Form	Werkstoff für Norm- und KZ-Teile
3	0356.47.004	(1)	Schutzrohr vollst.	3	Zus. Bau
5	0356.47.005.1	1	Schutzrohr	3	VW Teil -.47.65 verlängert
7	0356.47.101.1	1	Verlängerung	-	Rohr 40 x 1,0 DIN 2394
9	-.47.35	1	Lager	4	Kunstharz mit Gummibelag
11	0356.47.102	1	Schlauchstück	4	Gummi, schwarz
13	-.47.67	1	Kohlebürste, vollst.	3	-
18	0356.47.008	1	Dreispeichenlenkrad federnd	-	Petri Aschaffenburg 114 Fed. 425/336 oder 108 F 425/336 -
22	-.47.29	1	Sechskantmutter	3	Sechskantstahl 30 DIN 176 10 S 20 K
24	0356.47.012 1)	1	Dreispeichenlenkrad federnd, 400 Ø m.Signalknopf, elfenb.	-	F.v.a. Petri Nr. 109 F 400/336 S 82.8
27	0356.47-013 1)	1	Dreispeichenlenkrad federnd 400 Ø m.Signalring. Pealit	-	F.v.a. Petri Nr- 113 FK 400/336 SR 82.1

Zeile	Änderungsfreigabe Tag	Name	Änderungstext
11	30.10.50	Fge	Zeile neu.
5.7	26.1.51.	Fge	.1 nachgetragen
24.27	17.4.51	Fge	Zeilen neu

Abkürzungen: ZB = Zusammenbau, SZ = Schweißzeichnung, S = Schmiedezeichnung, M = Modellzeichnung, * = Wahlweise, KZ = Keine Zeichnung, A = Arbeitszeichnung, + = Gültig bis ..., ++ = Gültig ab ...

Vermerke: † Lieferung Reutter; 1) wahlweise

Die technische Stückliste weist jedes Einzelteil einer Baugruppe aus. Lieferumfänge und Optionen werden beschrieben, wie hier unterschiedliche Ausführungen des Petri-Dreispeichenlenkrads.

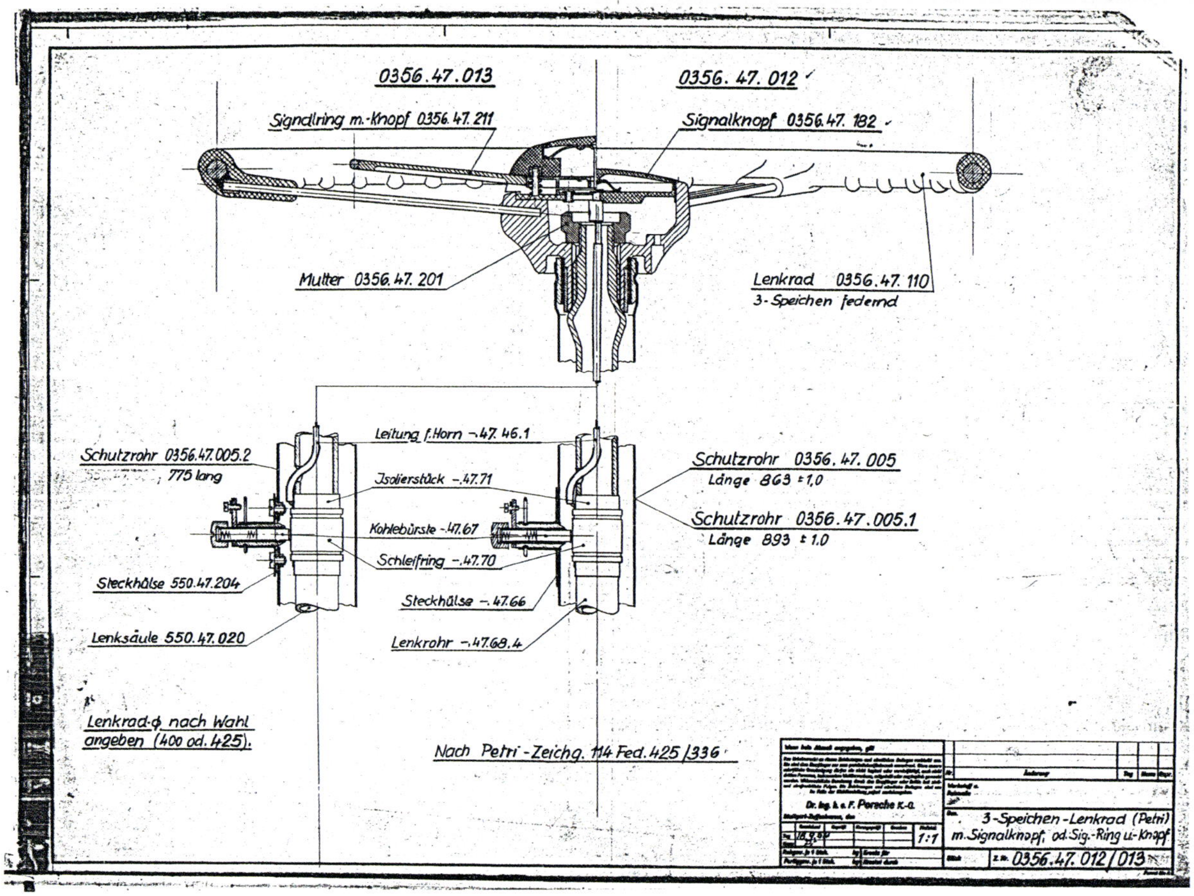

Bei den meisten 1950er-Wagen wurde das Dreispeichen-Lenkrad von der Firma Petri gemäß dieser Zeichnung geliefert. Die allerersten Wagen hatten ein ähnliches Lenkrad, jedoch von der Firma VDM. Im Wagen 5006 hatte dieses zudem die Besonderheit, dass der Signalknopf aus dem gleichen Nussbaumholz wie die Türgarnierleisten gefertigt war.

Im Juli 1950 startet parallel zur den Coupés die Produktion der Cabriolets bei Reutter.

Ungeachtet dieser Überlegungen nimmt die Produktion in Stuttgart Fahrt auf. Von den inzwischen 370 Beschäftigten bei Reutter arbeiten 280 im Stammwerk. Ein Großteil von ihnen ist mit der Ausführung des Porsche-Auftrages beschäftigt. Im Juni bauen sie bereits 13 Coupés. Porsche und Reutter verständigen sich im gleichen Monat auf ein geändertes Lieferprogramm für 1950. Ziel ist nun eine Steigerung der Septemberproduktion auf 50 Karosserien, bevor ab Oktober die Plan-Ausbringung von 60 Karosserien je Monat erreicht werden soll. Zusätzlich hat Reutter 20 Rahmen mit Pressteilen herzustellen. Tatsächlich kann das Stuttgarter Karosseriewerk die Ausbringung im Juli auf 22 Coupés steigern. Mit Fertigstellung des ersten Cabriolets aus Reutter-Fertigung setzt nun auch die Serienfertigung dieser zweiten Karosserievariante ein. Gleichzeitig sondiert Porsche bei der Firma der Gebrüder Beutler in Thun (Schweiz) die Möglichkeit einer erneuten Zusammenarbeit. Analog der Lieferbeziehung zu Heuer bittet Porsche um ein Angebot zur Fertigung über jährlich 120 Cabriolets in Stahlbauweise bei der Anlieferung von Chassis und Pressteilen aus Stuttgart.

Nicht nur bei Reutter ist man über den Erfolg der Sportwagen überrascht. Die monatliche Produktion genügt nicht mehr, die rasch ansteigende Nachfrage zu befriedigen. Porsche drängt sehr auf Mehrlieferung und unterstreicht diese Forderung erstmals mit der Drohung, eine weitere Karosseriefirma einzuschalten. Der Porsche-Erfolg bedeutet auch Vorteile für Reutter: Porsche kann Teile der Außenstände für die Werkzeugkosten bei

Reutter begleichen. Mit dem Ziel, die Produktion weiter auf- und auszubauen, sieht Porsche die Zahlung von 200.000 DM als Möglichkeit, Einfluss auf den Lieferanten zu gewinnen.

Im Juni 1950 packt Karl Rabe seine Sachen und zieht von Gmünd nach Stuttgart, seine Familie folgt ihm eine Woche später. Die Zukunft der Sportwagenproduktion liegt in Stuttgart, in Österreich müssen jedoch die angefangenen Arbeiten zu Ende gebracht werden. Vier Limousinen aus der Fertigung in Kärnten warten zu dieser Zeit auf ihre Fertigstellung in Salzburg, vier weitere stehen zur Auslieferung bereit, während neun ohne Antriebsaggregate in Gmünd stehen und eine weitere bei Tatra in Wien fertiggestellt wird. Die meisten dieser letzten Limousinen des Typ 356/2 werden bis 1951 über den schwedischen Nutzfahrzeug-Hersteller und Volkswagen-Importeur Scania Vabis exportiert und in Skandinavien an Kunden ausgeliefert. Die ersten, zumindest der im April gebaute und die sechs im Mai hergestellten Porsche 356 aus Stuttgarter Produktion sind damit vor den letzten Porsche 356/2 aus Gmünder Produktion zu datieren.

Die monatliche Produktion genügt nicht mehr, um die rasch ansteigende Nachfrage zu befriedigen.

Vielversprechende Lage für Porsche

Die Erwartungen zum Jahresende 1949 liegen zur Jahresmitte 1950 im Plan. Die Lage für Porsche sieht vielversprechend aus, wenngleich sich der Sportwagenhersteller in der Zusammenarbeit mit Reutter nicht immer zufrieden zeigt. Im Juli 1950 kommt es zu einer umfangreichen Besprechung, in der verschiedene Beanstandungen der Arbeit von Reutter aufgeführt werden. Insbesondere geht es um den Rückstand der gelieferten Karosserien im Vergleich zur vereinbarten Menge und den Gründen dafür. Als einen wesentlichen Engpass identifiziert die Porsche-Geschäftsleitung die Lackiererei und die Durchlaufzeiten bei Reutter. Auch zahlreiche Nacharbeiten im Zusammenhang mit der anlaufenden Produktion werden reklamiert. Ein besonderer Dorn im Auge der Verantwortlichen sind fehlende Muster für Lackierung und Polsterung, auf die der Vertreterapparat von Porsche dringend wartet. Die schwäbische Mentalität, im Kleinen zu sparen, ohne daraus resultierende größere Folgen zu berücksichtigen, wird ebenso kritisiert wie eine mangelnde Ordnung und Zusammenarbeit zwischen dem »zum Teil überalterten und starrköpfigen Personal«. Allerdings schließt der interne Bericht mit konstruktiven Vorschlägen und versöhnlichen Bemerkungen. Beispielsweise wird von Seiten Porsches künftig zur Vereinfachung und besseren Überprüfung des Arbeitsgangs außer der Auslieferungsliste für jeden Wagen ein Wagenbegleitschein ausgestellt, der mit Stellung des Auftrages an Reutter geht und den Wagen bis zu seiner Auslieferung an den Kunden begleitet und sodann zur Wagenstammrolle genommen wird. Bei aller Kritik verkennt Porsche nicht die Anlaufschwierigkeiten, die »bei Reutter einerseits im personellen Aufbau (zusätzlicher Einstellung von zahlreichem ungelerntem Personal) und andererseits in den besonderen Fertigungsschwierigkeiten liegen, die unsere Karosse bietet und die voll geschultes Personal verlangen. Es besteht die Möglichkeit, dass, nachdem in den letzten Wochen zahlreiche Schwierigkeiten überwunden wurden, das Juli Programm mit 22 Wagen aufgeholt wird […]«.

Dennoch ist bereits jetzt klar, dass Porsche nicht so viele Fahrzeuge in den Markt liefern kann, wie erwartet. Die Nachfrage übersteigt die Herstellung. Den Verkauf der Wagen

Internationale Auftritte wie beim 37. Automobilsalon in Paris beflügeln die Nachfrage (Oktober 1950).

hat die Organisation des Volkswagenwerkes, deren Händler und Großhändler, übernommen. Nach und nach werden diese zu Porsche-Generalvertretern, wodurch auch für den Service der Wagen gesorgt ist. Durch Mindestabnahmemengen in den Händlerverträgen ist der Absatz der für 1950/51 vorgesehenen Produktion gesichert. Der Porschewagen hat sehr guten Anklang gefunden, sodass Aufträge nur mit Lieferfristen von bis zu vier Monaten entgegengenommen werden können. Wirtschaftsprüfer Niethammer attestiert: »Das Fahrzeug hat sich durch seine Konstruktion, durch seine solide Bauart, durch seine überaus geschmackvolle Aufmachung und durch seine Erfolge bei Wertungsfahrten und Konkurrenzen weit über Deutschland hinaus einen sehr guten Namen geschaffen, was sich aus der Auftragslage im Inland, europäischen Ausland und in Übersee zeigt.« Porsche wird das erste Jahr nach dem Neustart in Stuttgart mit einem Bilanzgewinn von etwa fünf Prozent des Umsatzes beenden. Trotz der positiven Resonanz auf den neuen Sportwagen und der rasant ansteigenden Nachfrage übersteigen die Investitionen noch die Erträge. Wirtschaftlich überleben kann die Porsche KG in erster Linie nur durch die Erträge aus Lizenzen vom Volkswagenwerk. Die Entwicklung des Volkswagens in den 1930er-Jahren und die Lizenz-Verträge mit dem Volkswagenwerk in der Nachkriegszeit sichern den Fortbestand des Unternehmens. Ohne diese Einnahmen wäre ein Projekt eines Sportwagens unter eigenem Namen zu diesem Zeitpunkt vermutlich nicht möglich.

Mit der Rückkehr nach Stuttgart im Juli 1950 erlischt zugleich die österreichische »Porsche Konstruktionen GmbH« mit Sitz in Gmünd und das Unternehmen firmiert wieder unter dem Namen »Dr. Ing. h.c. F. Porsche KG«. Es schließt sich ein Kreis, der 1923 mit dem Start von Ferdinand Porsche in Stuttgart beginnt. Stuttgart, genauer: Zuffenhausen wird endgültig zur Heimat des Unternehmens und der Marke Porsche. Ende 1950 beschäftigt Porsche dort 64 Arbeiter und 24 Angestellte.

Porsche 356 »Geteiltscheibe«

Mit dem Start der Produktion in Deutschland setzt Porsche die 3. Änderung am Typ 356 um. Während der Porsche 356 »Nr.1« Roadster ein Einzelstück bleibt, entstehen vom 356/2 in Coupé- und Cabriolet-Aufbau insgesamt 52 Fahrzeuge. Mit dem Porsche 356 aus Stuttgarter Produktion ändern sich gestalterische Details, Technische Aggregate und die Herstellungsweise. Im Gegensatz zu den bisher von Hand produzierten Fahrzeugen wird nun die gesamte Karosserie bestehend aus Rahmen, Innenhaut und Außenhaut miteinander verbunden und verschweißt. Das Konstruktionsprinzip der selbsttragenden Karosserie bleibt erhalten, allerdings wird nicht mehr zwischen der äußeren Karosserie aus Aluminium und dem Unterbau aus Stahlblech unterschieden. Das macht es in der Folge leichter, den gesamten Umfang der Arbeiten bei einem Karosseriefabrikanten produzieren zu lassen.

Die Manufakturherstellung des Chassis in Kärnten und der Außenhaut aus Aluminium in den beteiligten Betrieben wie in Österreich Keibl, Kastenhofer, Tatra oder Beutler in Thun (Schweiz) wird sukzessive durch eine maschinelle Fertigung ersetzt. Die Ziele sind klar: geringere Durchlaufzeiten, niedrigere Kosten und Optimierung zur rentablen Serienfertigung. Um den Lizenzeinnahmen aus dem Volkswagenwerk eine auf höhere Stückzahlen ausgelegte Produktion entgegenzustellen, ist die Umstellung von der Aluminiumkarosserie auf Stahlblech-Aufbauten ein notwendiger Schritt. Ferry Porsche beschreibt die Unterschiede und die neue Karosserie: »Die Fronthaube hatte man etwas angehoben, der Fahrgastraum war breiter geworden, wodurch auch die Windschutzscheibe eine gestrecktere Form erhielt. An den Ecken hatte sie eine leichte Wölbung erfahren und bog sich leicht zum Cockpit hin, was nicht nur die Fahrersicht verbesserte, sondern auch die vorderen seitlichen Eckscheiben des Gmündner Coupés entbehrlich machte. Die Seitenfenster der Zuffenhausener Coupés waren rundherum kleiner geworden, sowohl in der Länge als auch in der Höhe. Dies resultierte aus einem etwas weiter heruntergezogenen Dach und der angehobenen Gürtellinie, auch waren die Flanken stärker ausgewölbt. Bei den ersten sechshundert Coupés konnte man die hinteren Seitenfenster nicht ausstellen; dies war erst bei späteren Modellen möglich. Die vordere und die hintere Stoßstange waren direkt an der Bodenplatte montiert, wie dies schon bei den Modellen in Gmünd der Fall war. Die Radkappen der ersten Autos waren halbrund, sehr ähnlich den VW-Kappen, jedoch ohne VW-Prägung. Der Benzintank saß unter der Fronthaube, gleich hinter dem Instrumentenbrett, und der Reservereifen lag flach auf dem schrägen vorderen Rahmenblech. Unter dem Reifen befand sich die 6-Volt-Batterie. Es gab keine Benzinanzeige, sondern man verwendete das VW-System mit dem Hahn für Ein/Aus und Reserve. Zusätzlich befand sich ein mit Eichmarken versehener Holzstab unter der Fronthaube. Das Instrumentenbrett enthielt das Tachometer, ein Ölthermometer sowie eine Uhr, die man mittels einer Rückzugschnur aufziehen konnte. Die oberen Abschlussleisten der Türen waren aus Nussbaumholz, Kartentaschen und Einzelsitze gaben dem Interieur des Porsche vom Jahrgang 1950 ein gefälliges Aussehen.«

Auch zu den Produktionsmethoden und technischen Änderungen in der Fertigung äußert sich der Firmenchef und sieht die Entscheidung, auf Stahlblech umzustellen als ein Entgegenkommen an den Lieferanten: »Die Gmündner 356-Ausführung war noch verwindungssteifer als die Stuttgarter. In Gmünd hatten wir keinerlei Werkzeuge. Wir sind davon ausgegangen, dass wir Bleche abkanten und zusammenschweißen müssen, um versteifende Hohlräume zu schaffen. In Stuttgart gingen wir in Serien-Produktion, und dann fing man an, die Abkant-Teile zu pressen. Damit hat man das Fahrgestell in Sachen Steifheit schlechter gemacht als es in Gmünd war. Ich habe damals Herrn Komenda in dieser Angelegenheit oft Vorwürfe gemacht. Ich meine: Manchmal muss man Ingenieuren verbieten, an etwas weiterzubasteln, das fertig ist. Die spielen ewig herum, und am Schluss wird's nicht besser. Man sieht das ja auch an der Gmünd-Karosserie im Vergleich zur Stuttgart-Karosse: Die Gmünd-Ausführung war mit den gebogenen Dreiecksfenstern und mit der ganz dünnen A-Säule sichtmäßig und aerodynamisch besser als das Stuttgart-Auto. Zur Stahl-Entscheidung trug aber auch Reutter bei. Wir haben gewisse Wünsche von Reutter erfüllt, schließlich hat Reutter beim Serienanlauf ja auch finanziell mitgezogen. Die haben uns zum Beispiel für die ganzen Werkzeuge, die sie erstellt haben, rund 200.000.- Mark berechnet, obwohl die das Doppelte oder Dreifache gekostet haben«.

Wesentliches Erkennungsmerkmal bleibt die durch einen senkrechten Mittelsteg zweigeteilte Frontscheibe. Neben den bereits beschrieben Änderungen und dem Verzicht auf die Tür-Dreiecksfenster der Gmünd-Fahrzeuge, sind auch im Innenraum stilprägende Merkmale der Porschewagen aus Stuttgart zu erkennen: Bis Oktober 1952 steuern die frühen Kunden mit einem VDM Dreispeichenlenkrad (drei Gruppen mit je vier Speichen) noch ohne Porsche-Wappen, denn dieses wird erst 1952 gestaltet. Im Armaturenbrett gibt es eine Ausbuchtung für ein Radio auf Sonderwunsch. Die zumeist stoffbezogenen Sitze haben noch keinen Liegesitzbeschlag.

Zusammen betrachtet sind diese Merkmale charakteristisch für die erste Serie des Porsche 356. Leichte Modifikation werden mit dem Wechsel von vier- auf fünfstellige Fahrgestellnummern im April 1951 vorgenommen. Die bei den Coupé-Aufbauten bislang mit einem schwarzen Gummi umrandeten, geschlossenen Seitenscheiben werden ersetzt. Nun sind rückwärtig ausstellbare Fenster zur besseren Belüftung des Innenraums serienmäßig. Ende Februar 1952 wird die deutlichste sichtbare Änderung mit Produktionsumstellung bei Reutter eingeführt. Eine weiterhin geknickte, nun aber durchgehende Frontscheibe ersetzt die zweigeteilte Version der bisherigen Sportwagen im Angebot bei Porsche ab April. Im Exterieur sind vor allem die hinteren eckigen Rückleuchten mit darunter liegenden runden Blinkern ein Erkennungsmerkmal für die erste Generation der Stuttgarter Porschewagen. Im Oktober 1952 werden diese durch runde Doppelleuchten ausgetauscht. Die vorderen Blinker liegen bis dahin noch nach innen versetzt unter den Scheinwerfern. Weitere Unterschiede zur ersten Generation sind ab Mitte 1952 die Stoßstangen mit Stoßstangenhörnern. Diese sind in der Folge nicht mehr in die Karosserie integriert, sondern in Einheitsausführung an Bug und Heck lösbar aufgehängt.

Mit dem Porsche 356 aus Stuttgarter Produktion ändern sich gestalterische Details, technische Aggregate und die Herstellungsweise.

Karosserieplakette

»Die Fa. Reutter befestigt ihr Firmenzeichen in geschmackvoller Ausführung sichtbar am Fahrzeug.« Im Februar 1950 wird der Lieferumfang für die Porsche-Karosserien genauer beschrieben, so auch die neue Karosserie-Plakette: wie in der Vorkriegszeit an gewohnter Stelle im Bereich des Türanschlags – allerdings beim Porsche 356 nun stets auf der rechten Fahrzeugseite. Beim Karosserieschild für den Windhund handelt es sich um ein Einzelstück, eine Reutter-Plakette mit geschwungenem, freigestellten »R« ist von keinem weiteren Fahrzeug bekannt. Merkmal der frühen Fahrzeuge wird eine silberne, schwarz ausgelegte Emaille-Tombak Plakette »Karosserie Reutter Stuttgart« mit Pferd und Reiter, hergestellt bei der Firma Frank & Reif aus Stuttgart-Zuffenhausen. Im Sommer 1950 wird diese schwarze Reutter-Plakette durch eine gelb-emaillierte Version ersetzt.

Besonderheiten der ersten Fahrzeuge

Vermutlich mit Ablösung der neuen Außenhautzeichnung vom 19.06.1950 werden Details geändert, an denen die allerersten Fahrzeuge aus Deutschland, gebaut von April bis Mitte Juni erkennbar sind. Bis dahin steht auf der Fronthaube der Porsche Schriftzug in Einzelbuchstaben. In der Produktion bedeutet dies, dass für jeden der sieben Buchstaben des Firmennamens zwei Löcher zur Anbringung in der Karosserie gebohrt werden müssen und die Buchstaben von Hand angebracht und ausgerichtet sind. Damit sind die ersten Wagen – vermutlich nicht mehr als die ersten

Ein Detail, das nur den ersten Wagen (bis Juni 1950) vorbehalten war, ist das »Pinstriping« auf den Felgen – hier gut zu erkennen und bei der Restaurierung von 5006 erneut mit Sorgfalt umgesetzt (vgl. S. 204).

Die Nummernschildbeleuchtung des »Windhunds« ist mit der Karosserie verbunden. Wie bei den unmittelbar folgenden Fahrzeugen verzichtet Porsche auf den Schriftzug am Heck.

sieben bis zehn Stück von April und Mai – bis heute auf historischen Bildern gut zu identifizieren. Im Gegensatz zur Front verzichtet Porsche am Heck noch gänzlich auf einen Schriftzug. Ein weiteres Merkmal der ersten Produktionswochen ist der noch kurze, kaum erhabene Haubengriff; ein Relikt aus Gmünd. Fehlende einheitliche Vorgaben, verspätete Zeichnungen und technische Festlegungen und die Vereinbarung, weitere Details erst nach Anlauf der ersten Fahrzeuge festzulegen, lassen sich an diesen Fahrzeugen unmittelbar ablesen. Eine besondere Stellung nimmt hier sicherlich der Windhund (Fahrgestellnummer 5002) ein. Von keinem anderen Fahrzeug ist eine ähnliche am Heck montierte, jedoch hervorstehende zweigeteilte Nummernschildbeleuchtung bekannt. Wie auch die Reutter-Karosserieplakette des Windhunds ein Einzelstück bleibt, ist dies das einzige bekannte Fahrzeug aus Stuttgarter Produktion mit einem zusätzlichen geprägten Zierring auf

»Die Fa. Reutter befestigt ihr Firmenzeichen in geschmackvoller Ausführung sichtbar am Fahrzeug.«

Ein kurzer Haubengriff und der Porsche-Schriftzug in Einzelbuchstaben sind prägende äußere Merkmale der sehr frühen Wagen aus Stuttgart.

Die Radkappen mit zusätzlichem Zierring bleiben bei den Fahrzeugen aus deutscher Produktion dem »Windhund« vorbehalten.

den Radkappen. Allerdings zeigen die zeitgenössischen Fotos auch rege Wechsel in der Bereifung – mal sieht man deutlich eine zusätzliche lackierte Zierumrandung auf der Felge, auf anderen Fotos ist diese erkennbar nicht vorhanden. Allerdings ist diese Zierlinie sowohl bei dem auf der Reutlinger Motorschau ausgestelltem Coupé wie auch beim Vorführwagen des Münchner Volkswagen Händlers Mahag zu erkennen. Von späteren Fahrzeugen der ersten Serie nach Juni ist dies nicht bekannt.

Die zusätzliche lackierte Zierumrandung auf der Felge ist bei späteren Fahrzeugen der ersten Serie nicht bekannt.

Mit Einsatz der neuen Serie ab Fahrgestellnummer 5001 beginnt ein neues Zeitalter der Dokumentation bei Porsche. Um Garantiefälle belegen und bewerten zu können, legt der Hersteller für jedes Fahrzeug eine etwa DIN-A5-große Karteikarte des Herstellers »Kardex« an. Auf dieser Karte wird neben anfangs spärlich eingetragenen Informationen zur Ausstattung, Motor und Getriebe zumeist der Händler vermerkt, über den das Fahrzeug ausgeliefert wird. Wichtigstes Datum für Porsche ist das Datum der Auslieferung an den Kunden, denn nun läuft die Garantiefrist, die zu diesem Zeitpunkt lediglich 6 Monate beträgt. Häufig unterscheidet sich dies vom tatsächlichen Fertigstellungstermin bei Porsche und produktionsbedingt in den meisten Fällen auch vom Herstellungs- und Ablieferungsdatum bei und von Reutter an Porsche.

Farbkarte Mai 1950

Mit der Liefervereinbarung zwischen Reutter und Porsche werden Farben, Lacke und Materialien zur Innenverkleidung grob skizziert. Für die Außenlackierung sollten drei bis acht

Musterkarte für Porsche von Mai 1950.

Farbtöne, für die Sitze fünf bis sieben Stoffmuster und vier Kunstlederbezüge angeboten werden. Selbst wenn diese Auswahlmöglichkeiten für den Kunden vergleichsweise überschaubar sind, bedeuten sie für Reutter eine enorme Variantenvielfalt und steigende Komplexität in der anlaufenden Produktion. Die älteste erhaltene Farbkarte zur Ausstattung der Porschewagen ist die Musterkarte von Reutter, Ausgabe Mai 1950. »Für die Ausstattung des Porsche Sportwagens ‚356' haben wir – dem Rufe und der Tradition unseres Hauses entsprechend – beste Werkstoffe vorgesehen, deren sorgfältigste Verarbeitung wir

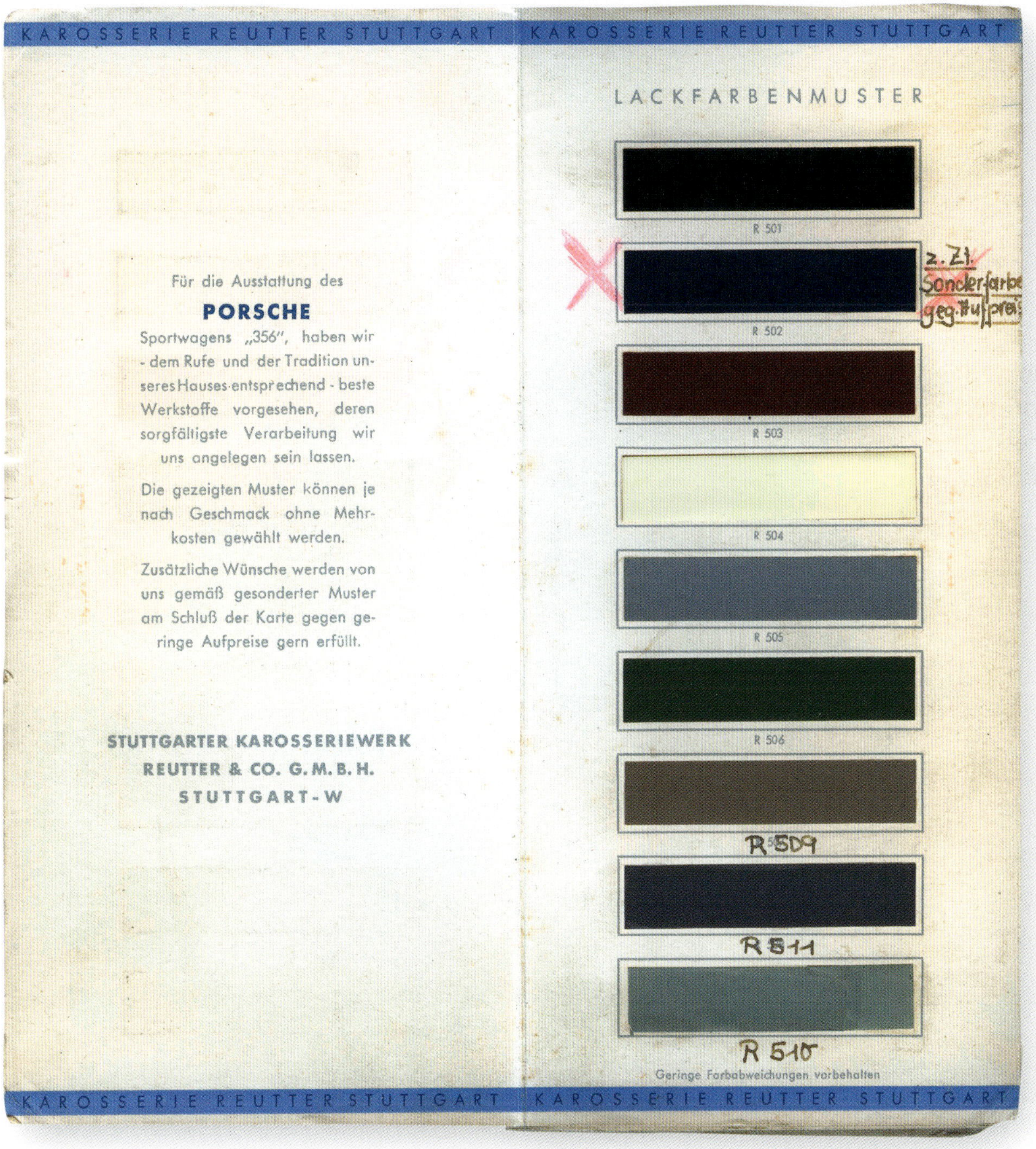

Kurz nach Produktionsstart wird die Farbpalette angepasst und R 507 »Dunkelbeige« ab August nicht mehr angeboten. Das erklärt die handschriftlichen Änderungen auf der Farbkarte von Mai 1950.

Für jeden Außenlack und die Stoffe der Innenausstattung definiert Reutter einen drei- bis vierstelligen Zahlencode.

uns angelegen sein lassen. Die gezeigten Muster können je nach Geschmack ohne Mehrkosten gewählt werden. Zusätzliche Wünsche werden von uns gemäß gesonderter Muster am Schluss der Karte gegen geringe Aufpreise gern erfüllt«, so die Beschreibung. Interessant ist, dass anfangs Reutter in der Verantwortung steht, Kundenwünsche aufzunehmen und diese umzusetzen. Das beste Beispiel dafür ist Ottomar Domnick mit seinem Wagen, der Porsche schriftlich um Informationen zu der seinem Auftrag zugeteilten Fahrzeugnummer bittet. »Ich habe das auch deswegen gewünscht, da ich Sonderwünsche habe und diese nun auch gerne an meinem Wagen ausgeführt haben möchte«, so der erste Kunde von Porsche in Deutschland. Diese Extras bespricht Ottomar Domnick direkt mit dem Karosserielieferanten.

Mit Start der Produktion für Porsche vergibt Reutter eine eigene Lacknummer beginnend

mit »R«. Im Mai 1950 startet die Liste mit R501 für neun Lackfarben; geringe Farbabweichungen vorbehalten. Mit Einsatz ab August möchte Porsche das Angebot ändern, da die Farben nicht den Kundenwünschen entsprechen. Die Serienfarbe R507 »Dunkelbeige« soll nicht mehr angeboten werden. Stattdessen wird 509 (adriametall) zum Standard. Tatsächlich verschiebt sich das überarbeitete Programm, was die nachträglichen handschriftlichen Notizen R509 – R510 auf der Originalkarte erklärt.

Die Musterkarte zeigt, dass 1950 Polsterüberzüge angeboten wurden. Auch 5006 war auf der Messe mit einem Schonbezug ausgestellt. Ähnlich wie die Sonderlackierung war jedoch auch dieser Stoff nicht Teil der Musterkarte.

Bis dahin hat der Kunde die Wahl zwischen acht verschiedenen Polster- oder acht verschiedenen Kunstlederstoffen zum Bezug der Sitze. Jeweils vier Himmel- und Seitenstoffe zur Türverkleidung und drei Optionen für einen Bouclé-Teppich bietet das Karosseriewerk an. Damit liegt das Angebot gegenüber Kunden über der vereinbarten Variantenanzahl in der Liefervereinbarung vom Februar. Wie der Eingangstext der Musterkarte beschreibt, ergänzen fünf optionale Polsterbezüge in echtem Leder und vier Überzüge auf Nylonbasis zum Schutz der Sitze sowie drei Velours-Bodenbeläge das Angebot. Das Reutter-Wappen auf der Rückseite der Musterkarte zeigt die neueste Entwicklung des Firmenlogos, das 1914 erstmals einen Reiter zeigt. Passend zum Stuttgarter Stadtwappen mit aufsteigendem Pferd warb das 1906 dort gegründete Karosseriewerk mit dem Spruch: »Reutters Reform allen voran«. Gemeint war die Reformkarosserie, ein vielbeachtetes Patent aus der Anfangszeit der Firmengeschichte. Nun ist der Reutter-Reiter auf der Musterkarte als Absender aufgedruckt und wird als Plakette auch auf der Karosserie des Porschesportwagens angebracht.

Juni-Änderungen

Am 19.06.1950 ersetzt die Zeichnung 0356.00.101.1 (gezeichnet durch Franz Trüby) die bisher gültige Zeichnung 0356.00.101 für die junge Sportlimousine und gibt die neue Gesamt-Zusammenstellung vor. Das Heckfenster wird um 5 mm vergrößert, auch die Frontscheibe ist nun statt 320 mm auf 330 mm in der Höhe gewachsen. Vom Boden bis zur Dachoberkante reduziert sich die Höhe von 1.300 mm auf 1.290 mm. Radstand und Gesamtlänge bleiben identisch; die geringfügigen Änderungen verleihen dem Fahrzeug gemäß der Bezeichnung eine noch sportlichere Form. Zusammen mit diesen Änderungen wird zwei Monate nach Fertigstellung des ersten Porsche 356 aus Stuttgarter Produktion ein deutlich sichtbareres Detail geändert. Der Schriftzug PORSCHE steht nun auf einer verbindenden Strebe. Auch auf dem Heck findet sich nun die Herstellerangabe.

Die frühen Fahrzeuge

Zur Identifikation und Rekonstruktion der Geschichte eines einzelnen Fahrzeugs aus der Anfangszeit von Porsche in Deutschland ist die Betrachtung der beschriebenen Besonderheiten hilfreich, aber nicht ausreichend. Ohne die Informationen zu den ersten, bei Reutter und Heuer aufgebauten und bei Porsche fertiggestellten Fahrzeugen gleichzeitig und im Zusammenhang zu berücksichtigen, ist die Darstellung nur eines Porsche 356 aus dieser Zeit nicht möglich. Im April entsteht der Windhund, im Mai lediglich sechs weitere Coupés beim Stuttgarter Karosseriewerk Reutter. Wenngleich die Fahrgestellnummern nicht zwingend in Produktionsreihenfolge vergeben wurden, muss eines dieser ersten im Mai gebauten Fahrzeuge zugleich der Reutlinger Ausstellungswagen vom Mai 1950 sein. Der Vollständigkeit halber wird die bekannte Geschichte des ersten Cabriolets in die Betrachtung der frühesten Wagen aus deutscher Produktion einbezogen.

5001

Um den Anlauf der Coupé-Produktion nicht zu gefährden, schaltet Porsche früh eine zweite Karosseriefirma ein, die die Engpässe bei Reutter ausgleichen soll und die Montage der ersten Cabriolet-Karosserien übernimmt, bis auch bei Reutter diese Variante montiert wird. Die Wahl fällt auf die »Oberpfälzer Karosserie- und Metallwarenfabrik, Inh. H. Heuer« in Ullersricht bei Weiden in der Oberpfalz. Geschäftsführer Erich Heuer wagt hier 1950 den Neuanfang, der vor dem Krieg in Dresden beheimateten Gläser Karosseriewerke, die sein Vater Emil Heuer führte.

Otto Husslein wird nach der Entlassung als Betriebsleiter von Porsche in Gmünd bei Heuer zum Verbindungsmann der dortigen Fertigung.

Heuer tritt die Nachfolge von Gläser an und montiert die ersten Cabriolets bei Weiden in der Oberpfalz.

Die technischen Unterlagen kommen von Porsche, die Pressteile und fertigen Bodenrahmen liefert Reutter aus Stuttgart. Für das erste Cabriolet aus deutscher Produktion ist die Fahrgestellnummer 5001 vergeben, auch wenn dieses Fahrzeug erst nach dem ersten Fahrzeug aus der Coupé-Produktion fertig gestellt wird, das die Fahrgestellnummer 5002 erhält. Bereits mit diesem Wechsel wird deutlich, dass die Fahrzeuge nicht zwingend in Fahrgestellnummern-Reihenfolge produziert werden. Am 26.04.1950 berichtet Otto Husslein, dass der erste Wagen von Gläser am kommenden Tag in Stuttgart angeliefert wird. Und tatsächlich: Per Lkw trifft das schwarze Cabriolet morgens um 10 Uhr in Zuffenhausen ein. Albert Prinzing macht Druck und verlangt die endgültige Fertigstellung

Erbprinz zu Fürstenberg nimmt mit dem ersten bei Heuer gebauten Porsche 356 Cabriolet an der schwedischen Mittsommernacht-Rallye teil.

innerhalb der kommenden zwei Tage, was Otto Husslein jedoch ablehnt. Hans Klauser arbeitet durch und so kann bei einer Besprechung am Samstag, den 29. April, zwischen Ferdinand und Ferry Porsche, Prof. Prinzing und Otto Husslein sowie zwei Herren von Heuer der fertige Wagen besichtigt werden. Mehrfache Schwierigkeiten verzögern die endgültige Fertigstellung. Ferry Porsche selbst unternimmt die letzte Probefahrt mit dem Cabrio.

Nach Instandsetzung einiger Kabeldefekte wird das Fahrzeug um 21:35 Uhr am Abend nach Donaueschingen geliefert. Günter Graf von Hardenberg gründet dort Ende der 1940er-Jahre sein erstes Autohaus und pflegt früh den Kontakt mit Ferry Porsche. Gemeinsam mit dem Erbprinzen zu Fürstenberg, dem Kunden des Heuer-Cabriolets, plant er vom 15. bis 18. Juni in Schweden an der ersten Mittsommernacht-Rallye (»Rallye to the midnight sun«) teilzunehmen. Tatsächlich gewinnt Erbprinz Joachim zu Fürstenberg zusammen mit Philipp Constantin Graf von Berckheim den ersten Preis der 1.100-ccm-Klasse im 356 Cabriolet. Die schnellste Zeit der Bergprüfung in der 1.100-ccm-Klasse erzielt von Hardenberg mit Prinz Friedrich zu Fürstenberg in einem hellen Porsche 356 Coupé. Die Fahrgestellnummer dieses Wagens ist nicht bekannt. Ferry Porsche schreibt dem schwedischen Importeur Scania Vabis nach der Rallye: »[…] es war für die deutschen Teilnehmer eine ziemliche par force-Tour, besonders für Graf Hardenberg, dessen Wagen, wie Sie sicher gehört haben, nur ganz knapp vor dem Termin hier bei uns fertiggestellt werden konnte. Er fuhr also mit einem praktisch uneingefahrenen, neuen Wagen.« Erfolge wie diese sind in der Anfangsphase von Porsche in Deutschland die beste Werbung für die Sportwagen. Im Unterscheid zu den bei Reutter produzierten Cabriolets sind bei Heuer-Cabriolets Plaketten des Karosserieherstellers auf der rechten und linken Fahrzeugseite angebracht. Die Aufschrift »Glaser Karosserie, Weiden OPF.« in international verständlicher Schreibweise erinnert die an die ruhmreiche Vergangenheit als Karosseriemanufaktur.

Rennerfolge sind in der Anfangsphase von Porsche in Deutschland die beste Werbung für die Sportwagen.

5002

»Der Windhund« – die hellgraue Lackierung gibt dem ersten Porsche aus Deutschland seinen Spitznamen. Am 2. April beendet Reutter die Arbeiten in der Augustenstraße und transportiert den Wagen nach Zuffenhausen. Dort wird der Wagen bis Gründonnerstag 1950 bei Porsche fertiggestellt und am 6. April von den beteiligten Mitarbeitern stolz präsentiert. Besonderheiten, die dieses Fahrzeug neben den allgemeinen Merkmalen der ersten Porschewagen direkt erkennen lassen, sind die Radkappen mit zusätzlichem Zierring, eine ebenfalls nur von diesem Fahrzeug bekannte Nummernschildbeleuchtung am Heck und das Einzelstück einer ausgefrästen Reutter-Karosserieplakette.

Das Fahrzeug wird häufig mit einem roten Wechselkennzeichen der Zulassung in der amerikanischen Zone Württemberg »AW 21-0459« gefahren und wird schließlich mit der festen Zulassung »AW 84-3473« zum Privatwagen von Ferry Porsche. Bei zahlreichen öffentlichen Veranstaltungen und Schönheitswettbewerben und mit diversen Fotoaufnahmen in Stuttgart und

Der erste in Deutschland gebaute Porsche wird zum Privatwagen von Ferry Porsche (1950).

PORSCHE
AW 84-347

AW 21-0459

Die Türtafeln mit glatter Holzleiste und separatem Zuziehgriff lassen erkennen, dass es sich um einen Vorserienwagen handelt (vgl. auch Foto S. 219 unten). Serienfahrzeuge hatten eine Holzleiste mit integriertem Griff.

Das Armaturenbrett zeigt eine Ausbuchtung für die Aufnahme eines optionalen Radios. Das charakteristische VDM Dreispeichenlenkrad (drei Gruppen mit je vier Speichen) gab es bis Oktober 1952. Die mit Stoff bezogenen Sitze kommen noch ohne Liegesitzbeschlag aus. Das Schloss am Handschuhfach entspricht nicht der Serie der späteren Wagen.

Der »Windhund« nun mit nachträglich eingebautem Radio von Telefunken. Der Zigarrenanzünder mit Druckknopf ist in dieser Ausführung den frühen Fahrzeugen vorbehalten.

Nach einem Unfall im Juli 1952 ist der erste Porsche aus Deutschland nicht mehr zu retten und wird endgültig verschrottet.

Nur undeutlich lässt sich das Kennzeichen AW 84-3473 des ausgebrannten Wagens erkennen. Der Unglücksfahrer überlebt den Unfall wie durch ein Wunder.

Umgebung setzt Porsche diesen Markenbotschafter für den Neustart in Deutschland ein. Für das Werk in der Folge als Versuchsfahrzeug verwendet, verunglückt Rolf Wütherich am 31. Juli 1952 mit dem Windhund. Der Wagen schleudert nach einem misslungenen Überholmanöver über den Mittelstreifen, stürzt eine Böschung hinab, überschlägt sich und geht in Flammen auf. Der Fahrer kann sich glücklicherweise retten. Der Unfall bedeutet leider das unmissverständliche Ende des einstigen Stolzes der Mannschaften bei Reutter und Porsche.

5003 & 5004

Über die beiden Fahrzeuge mit den Fahrgestellnummern 5003 und 5004 ist nicht allzu viel bekannt. Während 5003 nach Mannheim ausgeliefert wird und Mitte Juni bereits 3.324 km auf dem Tacho stehen, erhält der Berliner Volkswagenvertreter Eduard Winter Wagen 5004 am 24.05.1950. Rechtzeitig zur Internationalen Automobilausstellung, die vom 27. Mai bis zum 4. Juni letztmalig in Berlin stattfindet. Da das erste Cabriolet (5001) schon an Graf Hardenberg/Prinz Fürstenberg ausgeliefert ist, bleibt Eduard Winter nichts weiter übrig, als die geplanten neuen Cabriolets mit einem Beutler-Cabriolet aus der Gmünd-Zeit auf der Messe zu bewerben. Das erste Cabriolet aus Reutter-Produktion wird erst im Juli fertig.

Neben dem eigenen Coupé-Vorführwagen muss der Berliner Händler auf den Bestand der wenigen zu diesem Zeitpunkt überhaupt gebauten Fahrzeuge zurückgreifen, um dem erwarteten Interesse ein entsprechendes Angebot entgegenstellen zu können. Sicher ist der Einsatz des ersten Fahrzeugs in Kundenhand auf der Berliner Messe, denn Ottomar Domnick stellt seinen Wagen mit der Fahrgestellnummer 5005 Porsche zur Verfügung. Albert Prinzing schreibt an Winter: »Unser bester Kunde Dr. Domnick erklärt sich bereit, Ihnen seinen Wagen für den Beginn der Ausstellung zur Verfügung zu stellen. Es handelt sich um ein Sportcoupé in Grün-Fischsilber, das unserer Meinung nach der schönste Wagen aus unserer anlaufenden Serie sein wird.«

5005

Neben 5001 der vermutlich bekannteste Wagen der frühen Produktion. Seit August 1949 versucht der Stuttgarter Nervenarzt und Kunstsammler, Dr. Ottomar Domnick, der erste Kunde von Porsche in Deutschland nach der Rückkehr aus Gmünd zu werden. Nach verschiedenen Schriftwechseln mit der Firmenleitung in Stuttgart bekommt Domnick am 12. April endlich seine finale Auftragsbestätigung der Bestellung über den Volkswagenhändler Hahn Motorfahrzeuge in Fellbach: »Porsche Limousine Typ 356 in serienmäßiger Ausführung bzw. Ausrüstung, Farbe – nach besonderer Angabe zum Listenpreis ab Werk Stuttgart Zuffenhausen 9.850,- DM; Avisierter Termin: Mai 1950, Bezahlung bar bei Lieferung«. Ottomar Domnick kennt nicht die internen Hintergründe für die wiederholten Verzögerungen, ein ums andere Mal wird er vertröstet. Sicherheitshalber schreibt er am 20. April, dass Porsche den endgültigen und absolut verbindlichen Liefertermin in der 3. Maiwoche zugesagt hat und diesen unbedingt einhalten muss. Persönlich begutachtet er den Fortschritt im Karosseriebau. Nach einer Besichtigung und Besprechung bei Reutter am 25.04.1950 bekommt er die Information, dass Reutter am dritten Wagen arbeiten würde, und es sei nicht daran zu denken, dass bis zur dritten Maiwoche der 9. Wagen, den Prof. Prinzing für Domnick reserviert hätte, fertig wird. Domnick wendet sich an seinen Händler Hahn und besteht darauf, den 5., 6. oder 7. Wagen zu erhalten, bei dem seine Sonderwünsche umgesetzt werden können.

Porsche bestätigt am 28. April den »8. Wagen unserer Produktion« zur Auslieferung in der zweiten Maihälfte festzusetzen. Ottomar Domnick erklärt sich bereit, diesen Wagen »für

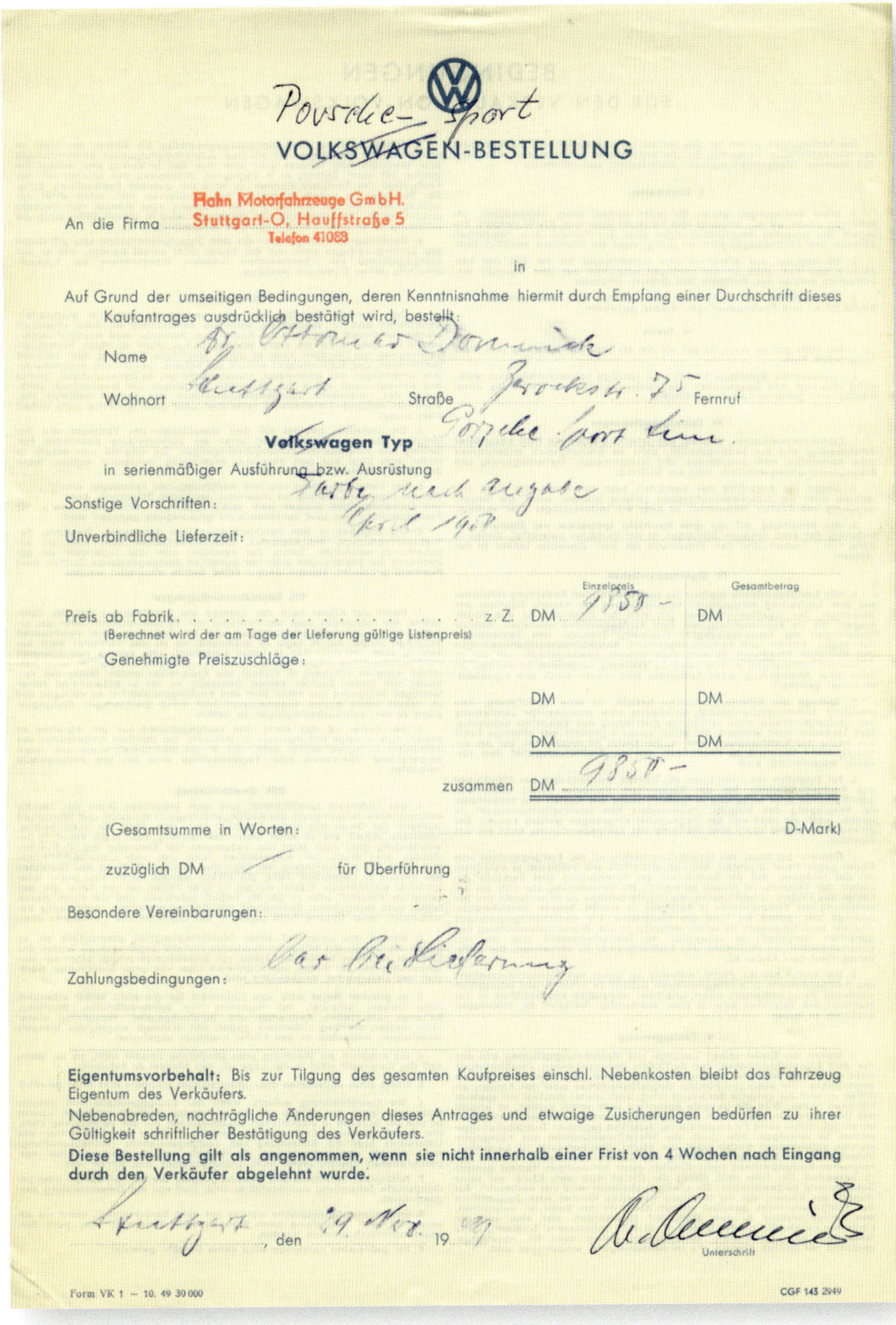

Porsche-Sport

VOLKSWAGEN-BESTELLUNG

An die Firma Hahn Motorfahrzeuge GmbH. Stuttgart-O, Hauffstraße 5 Telefon 41083

in

Auf Grund der umseitigen Bedingungen, deren Kenntnisnahme hiermit durch Empfang einer Durchschrift dieses Kaufantrages ausdrücklich bestätigt wird, bestellt:

Name Dr. Ottomar Domnick

Wohnort Stuttgart Straße [illegible] 75 Fernruf

Volkswagen Typ Porsche Sport Lim.

in serienmäßiger Ausführung bzw. Ausrüstung

Sonstige Vorschriften: Farbe nach Angabe

Unverbindliche Lieferzeit: April 1950

		Einzelpreis	Gesamtbetrag
Preis ab Fabrik . . . . z. Z. (Berechnet wird der am Tage der Lieferung gültige Listenpreis)		DM 9850.–	DM
Genehmigte Preiszuschläge:		DM	DM
		DM	DM
	zusammen	DM 9850.–	

(Gesamtsumme in Worten: D-Mark)

zuzüglich DM — für Überführung

Besondere Vereinbarungen:

Zahlungsbedingungen: bar bei Lieferung

Eigentumsvorbehalt: Bis zur Tilgung des gesamten Kaufpreises einschl. Nebenkosten bleibt das Fahrzeug Eigentum des Verkäufers.

Nebenabreden, nachträgliche Änderungen dieses Antrages und etwaige Zusicherungen bedürfen zu ihrer Gültigkeit schriftlicher Bestätigung des Verkäufers.

Diese Bestellung gilt als angenommen, wenn sie nicht innerhalb einer Frist von 4 Wochen nach Eingang durch den Verkäufer abgelehnt wurde.

Stuttgart, den 29. Nov. 1949

[Unterschrift] Unterschrift

Form VK 1 — 10. 49 30000 CGF 143 2949

Zum Preis von 9.850 DM bestellt Ottomar Domnick einen der ersten Porsche 356 aus deutscher Produktion. Bestellformulare von Porsche Deutschland gab es noch nicht.

die Automobilausstellung in Berlin zu Pfingsten unserer Generalvertretung, Herrn Eduard Winter, für einige Tage zur Verfügung zu stellen« und den Porsche 356 selbst nach Berlin zu überführen. Das Angebot, den eigenen Wagen in Berlin auszustellen, sieht Domnick als Möglichkeit, endlich sein Wunschfahrzeug zu erhalten. Seine Ausdauer und sein Drängen zahlen sich für ihn aus. Der Liefertermin muss unter allen Umständen eingehalten werden.

»Zweifellos ist die Karosse die formvollendetste, die zur Zeit gebaut wird. Berlin hat den Wagen mit ehrlicher Begeisterung aufgenommen.«

Am 25. Mai vereinbaren Domnick und Porsche die Überlassung vom 26. Mai über Pfingsten bis zur Rückkehr aus Berlin. Dort geht am 4. Juni die Ausstellung zu Ende. Am Tag danach sendet Hahn die Rechnung an den Kunden Domnick: »Porsche Wagen Typ 356 in serienmäßiger Ausführung bzw. Ausrüstung, Fahrgestellnummer R5005, Motor Nummer 107 zum Listenpreis ab Werk Stuttgart Zuffenhausen. Netto Kasse, sofort zahlbar. Wir erlauben uns die Rechnung für Sonderausstattung gegen Aufpreis nachzureichen.«

Nach der Messe und etwa 2.500 gefahrenen Kilometern verfasst Domnick einen Erfahrungsbericht für Porsche: »[…] Was diesen Wagen gegenüber allen anderen deutschen Wagen heraushebt, ist zweifellos die konstruktive Einheit. Motor-Fahrgestell-Federung-Strassen-Kurvenlage-Karosserie sind so vorzüglich aufeinander abgestimmt, dass in jeder Situation diese Einheit als hervorstechendstes Merkmal imponiert. […] Die Sicherheit selbst bei hohen Geschwindigkeiten ist unglaublich.« Mit der Motorleistung ist Domnick zufrieden, allerdings merkt er an, dass ohne Benzol-Zusatz die Leistung am Berg erheblich nachlässt. »Die Steuerung war anfangs gut, ließ aber nach 1.500 km zu wünschen übrig. […] der Wagen bricht bei Kurvenfahrten aus, forcierte Kurvenfahrten kaum noch möglich. […] Reifenheulen fällt auf, Bremsen gut, aber zittern. Ölverlust am rechten Vorderrad. Karosseriemängel sind bereits von Reutter behoben, sonst ist die Karosserie absolut einwandfrei, die Sitze sind sehr bequem, vor allem die hohe Lehne! Zweifellos ist die Karosse die formvollendetste, die zur Zeit gebaut wird. Berlin hat den Wagen mit ehrlicher Begeisterung aufgenommen. Der Wagen wurde auf der Schau stark umlagert und auch vom Ausland gebührend gewürdigt.« Zum Abschluss ergänzt Ottomar Domnick einen persönlichen Hinweis: »man sollte den Wagen n i c h t als verbesserten Volkswagen propagieren. Da ist erstens nicht richtig und zweitens ganz unpsychologisch. Wer einen solchen Wagen kauft, will Extraklasse […].«

Offensichtlich stand der Wagen in Berlin für kurze Probefahrten zur Verfügung, denn Domnick ergänzt und beendet sein Schreiben mit: »Man sollte den Wagen grundsätzlich nur über 20–25 km. Strecke vorführen, wenn man erfolgreich werben will. […] Ich habe absolutes Zutrauen in Ihr junges Werk. Die kleinen Beanstandungen sind unwesentlich und leicht zu beheben. Der Wagen wird seinen Weg machen. […]« Mit dem Ausdruck vorzüglicher Hochachtung verbleibt Ottomar Domnick sodann mit den besten Wünschen für die weitere erfolgreiche Arbeit. Daran ist er selbst beteiligt, denn auch in der Folge bleibt er im regen Austausch mit Albert Prinzing und Ferry Porsche. Beflügelt von den Porsche-Erfolgen bei den ersten Renneinsätzen wie 1951 in Le Mans, wünscht auch er sich eine Leistungssteigerung für sein Fahrzeug. Wagen 5005 erhält beim Frankfurter Porsche-Händler Walter Glöckler am 26. Juni 1951 nach 32.000 km einen 1,5 l Versuchsmotor und Ottomar Domnick

Übergabe von 5005 an Ottomar Domnick am 26. Mai 1950. Direkt im Anschluss überführt er den Wagen zur Berliner Automobilausstellung.

Ottomar Domnick ist mit seiner Frau Greta und seinem Porsche viel unterwegs. Die gesammelten Erfahrungen gibt er direkt an Porsche weiter.

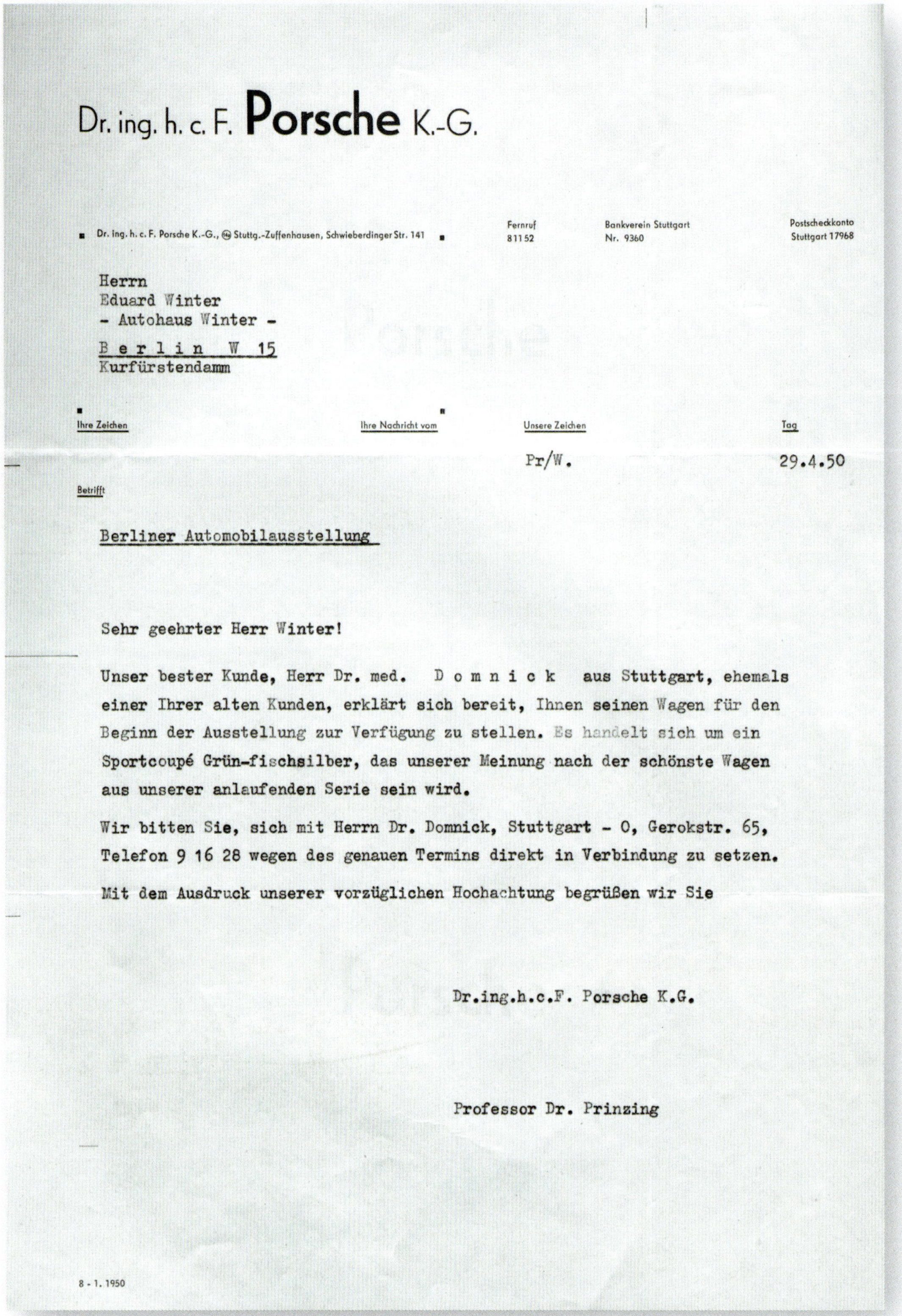

Dr. ing. h. c. F. **Porsche** K.-G.

Dr. Ing. h. c. F. Porsche K.-G., Stuttg.-Zuffenhausen, Schwieberdinger Str. 141

Fernruf 81152

Bankverein Stuttgart Nr. 9360

Postscheckkonto Stuttgart 17968

Herrn
Eduard Winter
- Autohaus Winter -

B e r l i n W 15
Kurfürstendamm

Ihre Zeichen	Ihre Nachricht vom	Unsere Zeichen	Tag
		Pr/W.	29.4.50

Betrifft

Berliner Automobilausstellung

Sehr geehrter Herr Winter!

Unser bester Kunde, Herr Dr. med. D o m n i c k aus Stuttgart, ehemals einer Ihrer alten Kunden, erklärt sich bereit, Ihnen seinen Wagen für den Beginn der Ausstellung zur Verfügung zu stellen. Es handelt sich um ein Sportcoupé Grün-fischsilber, das unserer Meinung nach der schönste Wagen aus unserer anlaufenden Serie sein wird.

Wir bitten Sie, sich mit Herrn Dr. Domnick, Stuttgart - O, Gerokstr. 65, Telefon 9 16 28 wegen des genauen Termins direkt in Verbindung zu setzen.

Mit dem Ausdruck unserer vorzüglichen Hochachtung begrüßen wir Sie

Dr.ing.h.c.F. Porsche K.G.

Professor Dr. Prinzing

8 - 1. 1950

Porsche vermittelt den Wagen von Ottomar Domnick zur Messeausstellung an den Händler Winter in Berlin.

bricht gemeinsam mit seiner Gattin Greta auf eine abenteuerliche Fahrt nach Marokko auf. Nach über 10.000 km Reise erscheint darüber in der ersten Ausgabe der Porsche Kundenzeitschrift *Christophorus* 1952 der Artikel »Ich war in Afrika«. Am 08.03.1952 erhält der Wagen dann einen neuen Motor Typ »Le Mans«, der weitere Verbleib des Fahrzeugs ist unbekannt.

5006

Die Fakten auf der zum Nachweis für Garantiezwecke bei Porsche angelegten, sogenannten Kardex-Karte sind überschaubar. Ausgeliefert am 15.09.1950 an Jos. Schmidt, Berneck. Damit ist auch das Ende der offiziellen Garantieleistungen im Falle des Falles besiegelt, denn zur damaligen Zeit beträgt die Dauer der Gewährleistung nur 6 Monate und endet somit am 15.03.51. Ausgestattet mit Motornummer P 01010 ist nicht viel mehr über die Anfangszeit des Fahrzeugs mit der Fahrgestellnummer 5006 bekannt. Berneck liegt in Württemberg-Hohenzollern; von dort gelangt der Wagen schließlich nach Norddeutschland. Seit dem 6. Juli 1950 ist dort der Bremer

Nach der erfolgreichen Teilnahme 1949 nimmt Reutter wieder an der Motorschau in Reutlingen teil. Den neuen Porsche 356 zeigt das Stuttgarter Karosseriewerk beim Autohaus Max Moritz.

Die Informationen auf der zum Nachweis für Garantiezwecke bei Porsche angelegten Kardex-Karte sind überschaubar.

Volkswagen-Händler Schmidt + Koch vertraglicher Porsche-Generalvertreter für das Gebiet Bremen. Porsche 356 #5006 erhält am 28.08.56 hier einen neuen Motor mit der Motornummer P 22.358. Offiziell vermerkt in den Porsche Unterlagen. Mit diesen Angaben verliert sich die Spur in Norddeutschland.

Bis zu einem Anruf in Hamburg im Januar 2013. Thomas König und Oliver Schmidt vom Automuseum Prototyp zögern nicht und besichtigen, was telefonisch angeboten wird. Ein Porsche 356 früher Bauart, gefunden in der Nähe von Bremen. Genauere Untersuchungen zeigen eingestanzte Nummern 5006, unter verschraubten Blechen sind Reste dessen erkennbar, was einmal die Originalfarbe des Fahrzeugs gewesen zu sein scheint. Ein Rot-Ton, der nicht in das bekannte Farbschema der frühen Porsche 356 passt. Die Lackanalyse läuft und parallel dazu beginnt die umgekehrte Recherche aus der Gegenwart zurück in die Vergangenheit.

Am 12. April 1950 freut sich der Reutlinger Stadtdirektor Künzel über die grundsätzliche Zusage von Ferdinand Porsche, dass dieser gern als Mitglied des Ehren-Ausschusses der geplanten Motorschau 1950 teilnehmen würde.

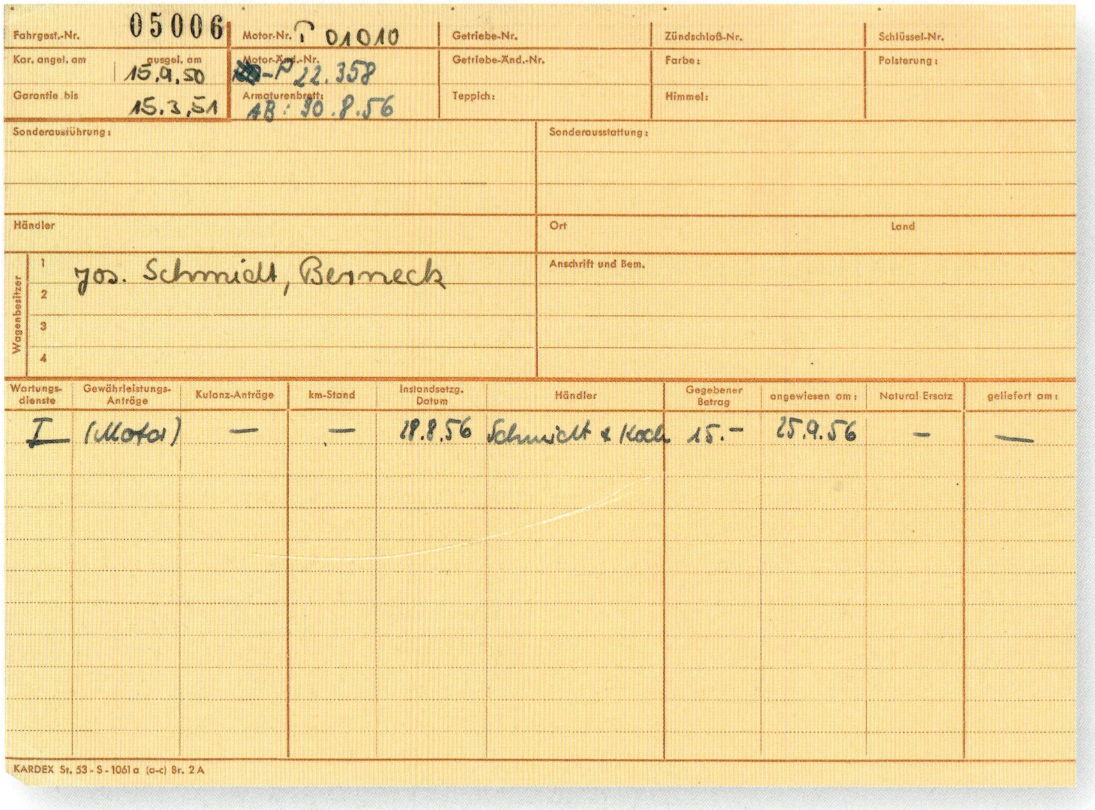
Fahrgest.-Nr. 05006
Motor-Nr. P 01010
Getriebe-Nr.
Zündschloß-Nr.
Schlüssel-Nr.
Kar. angel. am
ausgel. am 15.9.50
Motor-Änd.-Nr. -P 22.358
Getriebe-Änd.-Nr.
Farbe:
Polsterung:
Garantie bis 15.3.51
Armaturenbrett: AB: 30.8.56
Teppich:
Himmel:
Sonderausführung:
Sonderausstattung:
Händler
Ort
Land
Wagenbesitzer
1 Jos. Schmidt, Bernneck
2
3
4
Anschrift und Bem.

Wartungs-dienste	Gewährleistungs-Anträge	Kulanz-Anträge	km-Stand	Instandsetzg. Datum	Händler	Gegebener Betrag	angewiesen am:	Natural Ersatz	geliefert am:
I	(Motor)	—	—	28.8.56	Schmidt & Koch	15.–	25.9.56	—	—

KARDEX St. 53 - S - 1061 a (a-c) Br. 2 A

Die Kartei-Karte des Herstellers Kardex zur Dokumentation von Garantie- und Wartungsfällen für Fahrgestellnummer 5006. Der Vermerk von 1956 auf den Bremer Autohändler Schmidt + Koch untermauert die Authentizität von Chassis 5006, das Jahrzehnte später in dieser Region wiederentdeckt wurde.

Reutlingen:

MOTOR-SCHAU

Auf 10 000 m² hat die aktive Stadt Reutlingen eine kleine, aber erfolgreiche Motorschau veranstaltet. Die Beteiligung war sogar eine internationale, denn man sah neben deutschen Erzeugnissen Citroën, Fiat, Morris, Panhard, Renault und Standard. — Der Dyna-Panhard, über den wir in der MR 2/1950 ausführlich berichteten, wird jetzt von Veritas eingeführt und wurde in Reutlingen mit der normalen Limousine und einem in der Form sehr gelungenen Cabriolet (Bauer, Stuttgart) als **Veritas-Dyna** gezeigt. — Der **Porsche-Sportwagen** (Bild oben), von dem wir Einzelheiten auf Seite 339 brachten, gefiel durch seine gelungene stromliniengünstige Pontonform.

Der Motorroller von **Walba** hat ein neues „Gesicht" bekommen und wurde auch sonst in Einzelheiten weiter verbessert. Man sah ihn als Kleinstgespann mit einem hübschen Lieferwagen. — Ob sich der Roller wirklich auch noch als Gespann durchsetzen wird?!

David und Goliath, der kleinste und der größte Wagen auf der Reutlinger Schau. Es waren der kleine **Champion** von Holbein (siehe unseren Testbericht MR 4/1950) neben dem wuchtigen Diesel-Transporter von **Kaelble.**

Morris Minor, ein international sehr bekannter Wagen aus England, wurde mit dem neuen Cabriolet vorgeführt. Der Wagen hat einen Einliter-Vierzylindermotor, Vierganggetriebe, Hinterradantrieb und Einzelradfederung vorn.

Fotos: Studio Schwaben.

348 MOTOR-RUNDSCHAU 11 - 1950

Die Stuttgarter Produktion war noch nicht so weit – in der Presse müssen Bilder der Gmünd-Variante des Porsche 356 zur Vorschau gezeigt werden.

Reutter Werbung mit Hinweis auf den Porsche 356 Ausstellungswagen bei Max Moritz in Halle 1.

Allerdings kann die Firma zu diesem Zeitpunkt »noch nicht mit Bestimmtheit sagen, ob Prof. Porsche während der Zeit vom 12. – 21.05. in Deutschland sein wird.« Statt Ferdinand Porsche wird Karl Rabe am 14. Mai zusammen mit Otto Husslein die Autoschau in Reutlingen besuchen. Sie sind von 10:00 Uhr bis 12:45 Uhr auf der Ausstellung, bei der »unsere Sportwagen« ausgestellt sind. Rabe notiert weiter: »es ist sehr heiß und überfüllt«.

Beflügelt vom Erfolg der ersten Teilnahme 1949 plant auch das Stuttgarter Karosseriewerk Reutter wieder seine Teilnahme an der überregionalen Leistungsschau. Die Anmeldung erfolgt am 22.04. über Betriebsleiter Walter Beierbach. Er bucht für Reutter 25 Quadratmeter Ausstellungsfläche im Freigelände, um dort einen Omnibus mit eigenem Aufbau auszustellen. Letztlich wird die Ausstellungsfläche auf 75 Quadratmeter erhöht, um dem Publikum einen zweiten Bus präsentieren zu können. Allerdings bleibt es nicht dabei, die Anzeige von Reutter aus dem Programmheft zur Messe bestätigt: »wir zeigen [...] 1 Luxus-Omnibus auf Opel 1,5-to-Fahrgestell mit verlängertem Radstand [und] bei Max Moritz, Reutlingen, Halle 1, Stand 7, 1 Porsche Sportwagen, 2 ½ sitziges Coupé«.

Reutter möchte den Erfolg der Auftragseingänge nach dem Messebesuch im Vorjahr wiederholen und kann in diesem Jahr über den Porsche Händler Max Moritz auch sein neuestes Produkt – die Karosserie des Porsche 356 – vorstellen. Zumindest was den Erfolg der Ausstellung im Außenbereich angeht, zeigt sich die Geschäftsleitung nach der Messe ernüchtert. Das Feedback an die Messeleitung fällt enttäuschend aus. Zwar sei durchaus ein gewisses Interesse spürbar gewesen, aber ernsthafte Kaufabsichten schien es nicht zu geben: »Wir haben den Eindruck, dass im vorigen Jahr die Kauflust grösser war und dass in diesem Jahr neben der allgemeinen Geldknappheit auch die verschärfte

Prüfung bei Lizenzerteilung sich hemmend auswirkte.« Die Aussage steht also im Gegensatz zur Wahrnehmung von Karl Rabe, der mit der Ausstellung in Zusammenarbeit mit dem Autohaus Max Moritz recht zufrieden ist. Der Vorführwagen ist gute Werbung für das jüngste gemeinsame Erzeugnis von Porsche und Reutter.

Im Stadtarchiv Reutlingen befinden sich heute nicht nur zwei Schwarz-Weiß-Fotos des Porsche am Stand 7 in Halle1, auch zwei Farbnegative sind dort abgelegt. Für die damalige Zeit sehr ungewöhnlich und vermutlich eines der ersten Farbfotos eines Porsche 356, wenn nicht das älteste überhaupt. Auf dem Bild erkennbar: ein rötlich-metallisch glänzendes Fahrzeug. Das Zusatzschild auf der vorderen Stoßstange verrät den Hersteller des Lackes; es handelt sich um eine Lechler Durapon-Lackierung. Diese Farbe findet sich nicht auf der Farbkarte vom Mai 1950. Das ist nicht weiter verwunderlich, denn die Vereinbarung von Walter Beierbach und Erwin Komenda aus dem Februar 1950, nach der »die finalen Spezifikationen über Lacke und metallische Überzüge sowie Hilfsstoffe erst begleitend zur Produktion der ersten Wagen festgelegt werden« lässt Spielraum für die Farbwahl. Echte Serienfarben gibt es zum Zeitpunkt der Motorschau in Reutlingen noch nicht.

5007 bis 5011

Zu den weiteren Fahrzeugen mit nächsthöheren Fahrgestellnummern gibt es wenig bis keine Informationen. Um den Vertrieb der neuen Porschewagen anzukurbeln, setzt Porsche auf

Vermutlich ist dies der Mahag-Vorführwagen. Die feine Linierung an den Felgen und die schwarz-silberne Karosserieplakette sind typische Merkmale der ersten Fahrzeuge.

das bestehende Volkswagen-Netzwerk. Bereits mit der Unterschrift auf dem Händlervertrag verpflichten sich die künftigen Vertreter zur Abnahme einer Mindestmenge von anfangs zumeist drei Fahrzeugen im ersten Jahr. Für Porsche bedeutet dies den garantierten Absatz der fertiggestellten Porschewagen und direkte Erlöse, ohne selbst beim Kunden werben zu müssen. Dementsprechend werden die Händler Schulz in Essen (5007), Mahag in München (5008), Krauss in Nürnberg (5009), Glöckler in Frankfurt (5010) und Fleischhauer in Köln (5011) mit jeweils einem Fahrzeug zu Vorführzwecken beliefert. Wagen 5011 wird offensichtlich umgehend verkauft und bereits am 08.06.1950 ausgeliefert. Selbst bei abweichender Produktionsreihenfolge von der Fahrgestellnummernreihenfolge erscheint es unwahrscheinlich, dass bis dahin nicht wenigstens alle Mai-Fahrzeuge mit Fahrgestellnummern unterhalb 5011 vergeben sind. Die direkte Lieferung an Vertragshändler mit Ausnahme der Fahrzeuge 5001 (Heuer Cabrio) und 5002 (Windhund) sowie 5005 (Domnick) lässt nicht viel Spielraum für das in Reutlingen ausgestellte Fahrzeug, es bleibt unter den niedrigen Fahrgestellnummern eigentlich nur 5006. Genau der Wagen, der erst im September 1950 an einen nicht weiter bekannten privaten Kunden Jos. Schmidt in Berneck verkauft und bis dahin als Vorführwagen für Porsche und Reutter genutzt wird.

Einmal Mars und zurück

Auf den Bildern aus Reutlingen sind die Besonderheiten des ausgestellten Fahrzeugs sichtbar. Der Fahrersitz wird durch einen karierten Überzug geschützt, die Innenausstattung aus Stoff ist vergleichsweise hell. Die Reifen sind sichtbar mit dem weißen Schriftzug des Herstellers Veith versehen. Nur von vergleichbar frühen Fahrzeugen (Windhund und vermutlich 5008) ist eine ähnliche zusätzliche feine Linierung auf den Felgen bekannt. Recht auffällig sind die noch von Hand angebrachten Einzelbuchstaben des Porsche Schriftzuges, wobei das E von Porsche aus Fahrersicht leicht nach oben links verdreht zu sein scheint. Alles Merkmale, die ebenfalls bei einem dunkler lackierten Ausstellungswagen der Automobilmesse in Berlin erkennbar sind. Und tatsächlich berichtet die zweimal monatlich erscheinende Zeitschrift *Auto- und Motorradwelt* in der Juni-Ausgabe von der Internationalen Automobilausstellung und schreibt: »Eduard Winter [zeigt] die neuen Wagen von Dr.-Ing. Porsche, ein rassiges Sport-Cabriolet und 3 Sport Coupés«. Drei Fahrzeuge sind also im Messeeinsatz. Von dort gibt es ein Bild mit dem ausgestellten Coupé mit der amtlichen Zulassung FW 26 – 5019. Das französische Besatzungskennzeichen FW steht 1950 für eine Zulassung im Bezirk Württemberg-Hohenzollern, zu dem zwar nicht Stuttgart selbst, aber die südlichen/südwestlichen Gebiete von Stuttgart gehören. Möglicherweise ist es Zufall, dass Reutlingen und der Händler Max Moritz in diesem Gebiet liegen. Sehr wahrscheinlich ist jedoch, dass neben dem eigenen Fahrzeug von Eduard Winter (5004) und dem ausgeliehenen Fahrzeug von Dr. Domnick (5005) der Reutter-Vorführwagen der Reutlinger Messe das dritte in Berlin ausgestellte Coupé in Halle I (West) am Porschestand ist. Dass Reutter dort einen Wagen ausgestellt, ist belegt. Im Monatsbericht für Mai 1950 berichtet Ernst Körner über die Aktivitäten des Karosserieherstellers: »Ein Sport-Coupé Porsche kam auf die Berliner Internationale

Vertraulich !

Monatsbericht M a i 1950.

I. Auftragslage.

Im Berichtsmonat war der Auftrags-Eingang in Reparaturen kaum besser als im Vormonat. Durch den Umstand, dass Opel die schwebenden Fragen wegen des 18-sitzigen Omnibusses, verlängertes Fahrgestell, noch nicht geklärt hat, wurden auf die verschiedenen Angebote auch noch keine Aufträge erteilt.

Vom 12. - 21. fand die Ausstellung in Reutlingen statt, auf der wir 2 Omnibusse und 1 Porsche-Coupé ausstellten. Verkäufe konnten nicht getätigt werden.

Die Firma Opel erhielt 4 18-sitzige Omnibusse, die in 4 Kolonnen durch Westdeutschland gezeigt werden.

Die 2. Muster-Limusine für B.M.W. kam in erstklassiger Ausführung zur Ablieferung und fand in München volle Anerkennung.

Ein Sport-Coupé Porsche kam auf die Berliner Internationale Automobil-Ausstellung und gehörte dort zu den meist besuchten Objekten.

Auftrags-Eingänge:

1	Paketwagen-Aufbau	Daimler-Benz
500	Graszettlerhauben	Fahr
1000	Kühlerhauben	Fahr
1050	Paar Hinterkotflügel	"
1000	Muschelsitze	"
1000	Satz Sitzschienen	Daimler-Benz

II. Fertigung.

Porsche-Coupé	6
Führerhäuser	19
Pritschenaufbau	1
Omnibusse	2
BMW.-Limusine	1
Bodenrahmen P 356	2
Triebwagen-Aufbau	1

III. Umsatz.

	1950	1949
Mai	DM 186 330.-	118 968.-
April	" 165 319.-	
Durchschnitt	" 176 367.-	140 244.-

- 2 -

Nach dem ersten im April gebauten Porsche Coupé stellt Reutter im Mai sechs Coupés her und beschickt die Messen in Reutlingen und Berlin erfolgreich mit einem Ausstellungswagen.

Reges Interesse beim Reutlinger Autohaus Max Moritz an Stand 7 in Halle 1.

Die Motorschau in Reutlingen möchte sich als überregionale Leitmesse in der Nachkriegszeit etablieren.

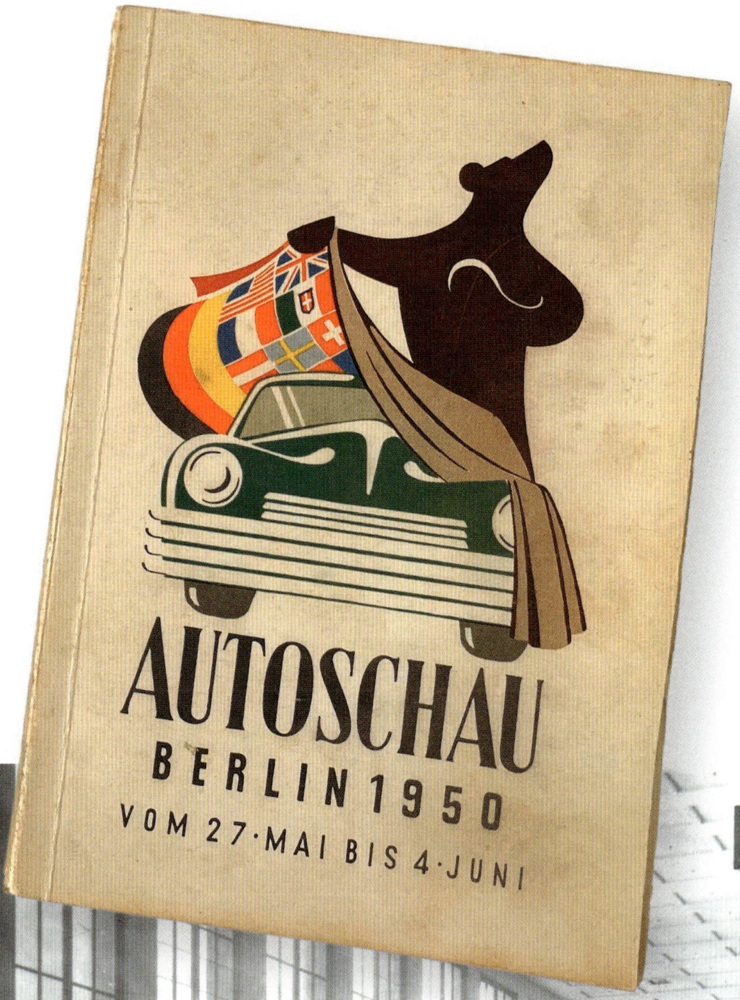

Unmittelbar im Anschluss an die Reutlinger Messe findet die Autoschau in den Ausstellungshallen am Funkturm in Berlin statt.

Am Stand von Eduard Winter stehen ein Porsche 356 und ein 356/2 Cabriolet. Insgesamt sind drei Coupés aus Stuttgarter Produktion in Berlin.

»Ein Sport-Coupé Porsche kam auf die Berliner Internationale Automobil-Ausstellung und gehörte dort zu den meist besuchten Objekten.«

Automobil-Ausstellung und gehörte dort zu den meist besuchten Objekten.«

Historisch belegt ist die Farbe des auf der Motorschau in Reutlingen ausgestellten Porsche 356. Mit Datum vom 19.05., also passend zur Zeit der Reutlinger Leistungsschau, nennt der erste Eintrag in der Auslieferungsliste von 1950 ein Fahrzeug in der Farbe »marsrot«. Ein Vorführwagen, Max Moritz zugeordnet, der nur zeitweise zur Verfügung steht. Ob der Wagen nach der Ausstellung an Reutter oder Porsche zurückgegeben wird, ist nicht belegt. Sowohl im Betriebshof des Reutter Werk I in der Augustenstraße als auch im Umfeld der Messe in Berlin ist ein Fahrzeug mit identischen Kennzeichen und Ausstattung zu sehen. Viele Möglichkeiten gibt es nicht. Der 2013 wiederentdeckte Wagen ist sehr wahrscheinlich das Vorführfahrzeug mit der Lechler-Lackierung »marsrot« der Messe in Reutlingen vom 12. bis 21. Mai und auch eines der drei Ausstellungsfahrzeuge am Stand von Eduard Winter auf der Internationalen Automobilausstellung vom 27. Mai bis zum 4. Juni 1950 in Berlin.

Nummer 5006 lebt.

Der Messewagen 5006 im Hof der Augustenstraße 82, Reutter Werk I.

Auf der Reutlinger Messe entstehen die ältesten bekannten Farbfotos eines Porsche 356. Die Lechler-Durapon-Lackierung in glänzendem Rot schließt den Kreis zum Fund von 5006 im Jahr 2013.

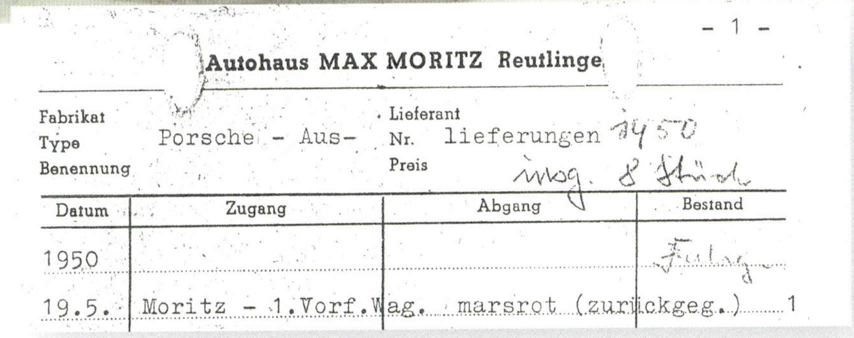

- 1 -

Autohaus MAX MORITZ Reutlinge

Fabrikat
Type Porsche - Aus-
Benennung

Lieferant
Nr. lieferungen 1950
Preis insg. 8 Stück

Datum	Zugang	Abgang	Bestand
1950			Fuhrg.
19.5.	Moritz - 1.Vorf.Wag.	marsrot (zurückgeg.)	1

Der Beleg zum ausgeliehenen Vorführwagen in marsrot.

Der Wagen vom Hof der Augustenstraße ist der Wagen von Reutlingen und auch eines der Ausstellungsfahrzeuge in Berlin. Es ist 5006.

5006 mit dem Kennzeichen FW 26-5019.

Das zweite Fahrzeug mit dem Überführungskennzeichen AW 21-0410 ist sehr wahrscheinlich Wagen 5004 für Eduard Winter.

Die Aufnahmen entstehen in Braunschweig - vermutlich auf dem Weg zur Ausstellung auf der Messe in Berlin.

5006 in der Seitenansicht. Nahezu zeitgleich ist Ottomar Domnick mit seinem Wagen auf dem Weg nach Berlin.

Die Restaurierung der Nummer 5006

Der Schatz war geborgen, aber noch lange nicht gerettet.

Die Restaurierung, so viel stand nach der ersten intensiveren Begutachtung fest, würde langwierig und sehr aufwendig werden. »Ich wusste, dass uns ein langer Weg erwartet«, sagt Mit-Entdecker Thomas König, »gleichzeitig wusste ich aus anderen Projekten, dass man alles restaurieren kann. Insofern hatte ich keine Angst.«

Eines dieser »anderen« Projekte der PROTOTYP-Gründer kann als mindestens ebenso ehrgeizig gelten wie die Restaurierung des ältesten noch erhaltenen Porsche aus Stuttgarter Produktion mit der Fahrgestellnummer 5006. Dabei ging es um den sogenannten Berlin-Rom-Wagen von 1939. Kenner der Markenhistorie behaupten, das Rennsport-Coupé sei eigentlich der erste Porsche, wenn er auch offiziell noch nicht so genannt wurde, und Porsche noch ein Konstruktionsbüro war. Die interne Bezeichnung lautete Typ 64. Jedenfalls nahm das zweisitzige Coupé die wesentlichen Konstruktionsmerkmale vorweg, die für Porsche charakteristisch wurden und der Marke zur Weltgeltung verhalfen.

Drei Prototypen wurden gebaut, die 1939 an einem Langstreckenrennen zwischen den Hauptstädten Berlin und Rom der faschistisch regierten »Achsenmächte« Deutschland und Italien teilnehmen sollten. Der erste Berlin-Rom-Wagen war am 19. August 1939 fahrbereit – gerade einmal vier Wochen vor dem geplanten Start des Rennens Mitte September. Das fand dann aus naheliegenden Gründen nicht mehr statt. Nazi-Deutschland griff nun mit Panzern an, Rennwagen waren einstweilen nicht mehr gefragt.

Ferdinand Porsches Karosseriespezialist Erwin Komenda hatte die Pläne für die schmale, nur 1,45 Meter hohe Stromlinienkarosserie aus Aluminium gezeichnet. Die Konstruktion des Aufbaus stammte von Porsches Mathematiker Josef Mickl, der aus dem Flugzeug- und Luftschiffbau kam. Beide Experten zeichneten nach dem Zweiten Weltkrieg auch für die ersten 356-Karosserien verantwortlich. Der Typ 64 war das erste Auto der Welt mit einer selbsttragenden

Leichtmetallkarosserie und wog nur 585 Kilogramm. Um die Personenkabine besonders schmal und damit strömungsgünstig zu halten, wurden die beiden Sitze um etwa 30 Zentimeter versetzt eingebaut, sodass sich die Schultern der Passagiere im engen Cockpit nicht berührten. Auch bei der futuristischen Form des Leichtbau-Rennwagens ließ sich eine Familienähnlichkeit mit dem KdF-Wagen – der später als »Käfer« die Welt eroberte – nicht verleugnen. Die Kühlluftschlitze unter dem Heckfenster verrieten, wo sich der Motor befand: hinten – dort, wo er auch beim Käfer saß und später beim ersten Serien-Porsche, dem 356. »Der Wagen ist eindeutig das Bindeglied zwischen Volkswagen und 356, in mehrfacher Hinsicht«, erklärt Thomas König, »rein technisch und vom Design her ist er der Ahnherr aller Porsches.« Der Missing Link in der Prähistorie des Hauses Porsche.

Abenteuer mit ungewissem Ausgang

Wie die PROTOTYP-Gründer an die Überreste eines der drei Berlin-Rom-Wagen gelangten, ist eine Geschichte für sich. Aus dem Nachlass des österreichischen Rennfahrers Otto Mathé (1907–1995) hatten König und Schmidt Anfang der 2000er-Jahre ein umfangreiches Teile-Konvolut erstanden, das zwei Schiffscontainer füllte. Mathé war eine der schillerndsten Persönlichkeiten der österreichischen Motorsportszene, der unter anderem mit einem Eigenbau auf Porsche-Basis (»Fetzenflieger«) Erfolge feierte. In dem Chaos seines Nachlasses konnten König und Schmidt nach mühevoller Kleinarbeit Chassis-Fragmente und andere Teile eines der drei Typ-64-Coupés identifizieren. Von der Karosserie fehlte allerdings jede Spur. Deshalb entstand der verwegene Plan, diese originalgetreu nachbauen zu lassen und damit einen der verschollen geglaubten Berlin-Rom-Wagen wiederauferstehen zu lassen. Ihre Wahl für diesen Spezialauftrag fiel auf den Oldtimerspezialisten NostalgiCar aus dem nordrhein-westfälischen Korschenbroich. Markus Burke und sein Team begaben sich auf ein Abenteuer mit ungewissem Ausgang.

Da keine Originalunterlagen mehr existierten, war vorab detektivische Kleinarbeit gefragt. Die Restauratoren hatte nach ausgiebiger Recherche die Möglichkeit, die gewonnenen Erkenntnisse anhand des letzten noch vollständig erhaltenen Berlin-Rom-Wagens abzugleichen. Die Grundlage zur originalgetreuen Rekonstruktion der Karosserie über Holzformen war geschaffen. Beim Umgang mit dem hauchdünnen Aluminium war Handwerkskunst gefragt, die weltweit nur noch wenige Spezialisten beherrschen. Dabei kam es darauf an, die Konstruktion genauso auszuführen, wie sie von den Porsche-Konstrukteuren einst erdacht wurde. Der wieder aufgebaute Typ 64 sollte kein zum Stehen verurteiltes Museumsobjekt, sondern ein voll einsatzfähiges Fahrzeug werden. Ganz im Sinne seines Schöpfers. »Wir hatten damals zehn Jahre darauf hingearbeitet«, sagt Thomas König, »denn so lange ist es her, dass mit den ersten Überbleibseln dieses Wagens die Idee entstand, das Auto wieder komplett zusammenzubauen.«

Nun ist der in tiefschwarzem Nitrolack gehaltene Berlin-Rom-Wagen der Star der Dauerausstellung im Automuseum PROTOTYP in der Hamburger HafenCity – wenn er nicht gerade wieder irgendwo in der Welt auf Tournee ist. Als Leihgabe ist der Porsche-Urahn international sehr begehrt. Sein Nach-Nachfolger 5006 befindet sich im Museum also künftig in bester Gesellschaft.

Hergestellt in Handarbeit

Die Nummer 5006 wieder aufzubauen, gestaltet sich für Markus Burke und seine Karosseriespezialisten ebenfalls als äußerst aufwendig und herausfordernd. Das Ziel ist auch hier, so viel originale Substanz wie möglich zu erhalten. Deshalb wird die gesamte Karosserie sorgfältig

Bei der Restaurierung erweist sich als unschätzbarer Vorteil, dass das Wrack dank einer gewissen Rostvorsorge des Vorbesitzers verhältnismäßig gut erhalten ist.

aufgearbeitet. An den Stellen, an denen der Rost besonders unerbittlich gefressen hat, müssen Bleche von Hand nachgefertigt werden – originalgetreu nach dem historischen Vorbild. »Der Anspruch war definitiv, das zu erhalten, was wir vorfanden. Hier war also wieder echte Spengler-Handwerkskunst gefragt«, erklärt Oliver Schmidt. »Dazu gehörte, in handwerklicher Kleinkunst die Hammerschläge von damals zu verstehen, nachzuarbeiten, und was ersetzt werden musste, bestmöglich wieder herzustellen.«

Wie erhofft, erweist es sich bei der Restaurierung als unschätzbarer Vorteil, dass das Wrack dank einer gewissen Rostvorsorge des Vorbesitzers verhältnismäßig gut erhalten ist. »Dennoch konnten wir die Originalsubstanz nicht an jeder Stelle erhalten«, berichtet Thomas König. »Je tiefer das Auto im Lauf der Zeit eingesunken war, desto mehr Wasser drang ein. Bei einem solchen Gartenfund ist das unvermeidbar. Diese Bereiche mussten rekonstruiert werden.«

Bevor die Spengler Hand anlegen können, sind umfangreiche Vorarbeiten nötig. »Die Dokumentation war das Allerwichtigste«, so König, »jedes einzelne Teil wurde peinlich genau vermessen, ganz gleich, in welchem Zustand es war, um es später originalgetreu aufzuarbeiten oder im Notfall rekonstruieren zu können.« Diese penible Bestandsaufnahme der gesamten Konstruktion war vor allem deshalb unerlässlich, weil bei der Fertigung der ersten 356-Modelle des Jahres 1950 in Stuttgart noch keine Serienteile vorhanden waren. Sämtliche Blechteile wurden damals von Hand hergestellt, mit unvermeidlichen Abweichungen bei den ersten Exemplaren. Das Coupé mit der Fahrgestellnummer 5006 muss nach den Recherchen der PROTOTYP-Gründer 1950 nur wenige Wochen nach dem ersten Stuttgarter Musterwagen entstanden sein, der bei der ersten Präsentation bei Patriarch Ferdinand Porsche noch durchfiel. Die Karosserie sei »nicht symmetrisch«, befand der alte Professor. Für Nachbesserung blieb nicht mehr viel Zeit, denn kurz darauf gingen die ersten 356-Coupés schon an die Kunden, und der in Rotmetallic schillernde 5006 war bereits ab dem 12. Mai der Publikumsmagnet auf der Motor-Schau im schwäbischen Reutlingen.

»Die größte Herausforderung beim frühen 356 ist immer das Blech, und hier natürlich ganz besonders«, sagt Thomas König. »Mir war es wichtig, dass alles da war, wo es sein sollte. Die originale Vorlage war dringend nötig, falls etwas nachgebaut werden musste. Es gibt dafür eben keine Teile aus dem Porsche-Katalog oder von Drittanbietern.« Oliver Schmidt ergänzt: »Auf Reproduktionsteile zurückzugreifen, die für die späteren 356 vielfältig angeboten werden, war völlig undenkbar. Denn die werden wie moderne Karosserieteile gepresst. Außerdem hätten sie ohnehin nicht gepasst.«

Andere Vergleichsfahrzeuge als das Wrack stehen nicht zur Verfügung, der ebenfalls zu diesem Zeitpunkt im Automuseum PROTOTYP ausgestellte 356 mit der Fahrgestellnummer 5047 war im Juli 1950 im Karosseriewerk Reutter schon unter Verwendung von einigen Blechpressen hergestellt worden – die Vorboten des späteren größeren Serienanlaufs. Eher taugt noch das bei Porsche im österreichischen Gmünd in Handarbeit hergestellte Coupé als Anschauungsobjekt, das sich in der Sammlung befindet. Allerdings besteht die Karosserie des 356-Vorläufers aus Aluminium, während in Stuttgart von Anbeginn an Stahl verwendet wurde.

Die PROTOTYP-Gründer sind gerade von diesen bescheidenen Anfängen der Marke

»Das war immer unser Wunsch. Das Auto musste so wiederhergestellt werden, wie es 1950 präsentiert wurde.«

Porsche fasziniert. »Oliver und ich haben schon immer sehr frühe Porsches gesammelt«, erzählt Thomas König. Insofern war es für uns immer die größte Herausforderung, das älteste – oder zumindest ein besonderes Auto in der Sammlung zu haben.«

Beispielsweise ein sogenanntes Gläser Cabrio des Typs 356 von 1951, das in der Dauerausstellung des Automuseums zu bestaunen ist. Nur 237 Exemplare dieses exotischen Typs wurden zwischen 1950 und 1952 von der Firma Erich Heuer unter dem Markennamen »Gläser Karosserie Weiden« in der Oberpfalz hergestellt. Ebenfalls bei Heuer entstanden 16 Aluminiumkarosserien für den Porsche 540 America Roadster, der damit zu einem der seltensten und begehrenswertesten Porsche-Modelle überhaupt wurde. Für die Porsche-Detektive König und Schmidt sind die Herausforderungen bei der Restaurierung ihres Gläser Cabrios durchaus vergleichbar mit denen, die sich im Fall 5006 stellen. »Auch da unterschied sich die Karosserie deutlich von den Varianten, die bei Reutter hergestellt wurden«, erinnert sich Oliver Schmidt, »und das ist für uns die wahre Challenge, das macht einfach Spaß, die Puzzleteile zusammenzufügen.«

Dazu gehört auch die Rekonstruktion der außergewöhnlichen Lackierung des Coupés in »marsrot«. »Wir konnten sie auch deshalb so speziell zuordnen, weil wir noch Farbreste finden konnten«, sagt Thomas König. Wie Archäologen mussten sich die Porsche-Historiker langsam vorarbeiten: »Es gibt eine spezielle Stelle bei den Fahrzeugen, hinten an der Rückwand zum Motorraum. Da gibt es ein Halbmond-Blech für die Getriebeaufnahme«, erklärt König. »Die Fahrzeuge waren damals durchlackiert, und an dieser Stelle war auch bei unserem Wagen die Farbe noch erhalten.« Zu diesem Glücksfall kam noch, dass eine Abdeckung aus dem Vorderwagen warm und wohlbehütet im Wohnzimmer des bisherigen Besitzers gelegen hatte. Er hatte offenbar in weiser Voraussicht einige Teile gesichert, um sie nicht der Witterung auszusetzen. Anhand dieser Muster konnte die ursprüngliche Lackierung in Farbe und Zusammensetzung in einem aufwendigen Prozess neu aufgelegt werden. Die in Frage kommenden Farbtöne passten dann zur Angabe »marsrot« bei Max Moritz. »Das war immer unser Wunsch. Das Auto musste so wiederhergestellt werden, wie es 1950 präsentiert wurde«, erklärt Thomas König. »Wir haben den ganzen Weg vom Fundobjekt hin zu einem wirklich überwältigenden Objekt eng begleitet«, meint Oliver Schmidt. »Das war sehr intensiv – und eine großartige Erfahrung.«

»Die Krönung unserer bisherigen Arbeit«

Der älteste noch existierende Porsche »made in Zuffenhausen« findet jetzt seinen festen Platz im Hamburger Automuseum PROTOTYP. »Für uns ist 5006«, sagt König, »die Krönung unserer bisherigen Arbeit.« Er ist auch ein Meilenstein für die historische Rekonstruktion der Anfänge der Stuttgarter Sportwagenfirma. Mit den handwerklichen Techniken und den Maschinen der 1950er-Jahre wurde der älteste bekannte Zeitzeuge dieser Ära von den kundigen NostalgiCar-Experten ins 21. Jahrhundert »gebeamt«. Die Fotodokumentation in diesem Kapitel zeigt die wichtigsten Stationen dieser Wiederauferstehung.

Die gesamte Heckpartie blieb nahezu vollständig erhalten. Sie besteht wie das Chassis und die restliche Karosserie aus Stahl. Die Aussparungen für die Heckleuchten deuten wie darunter die Aufnahmen für die Blinker auf ein sehr frühes Modell hin. Eine weitere Bestätigung für die Echtheit von 5006.

Der originale Kabelbaum ist weitgehend erhalten; Spezialisten werden ihn später sorgfältig neu aufbauen. Auch dabei geht es darum, möglichst viel Originalsubstanz zu erhalten.

Teile, die nicht zu retten sind, werden herausgetrennt und später durch handgefertigte Bleche ersetzt.

An der C-Säule sind die Rostschäden erheblich.

Das gesamte Fahrzeug steht auf der Richtbank. Der mittlere Schweller wird angepasst. Für die Fundgeschichte ist der Zustand sensationell, wenn man sich vorstellt, dass der Wagen Jahrzehnte im Freien stand. Der Vorbesitzer hatte eine dicke Ölschicht aufgetragen, bevor er den Wagen in seinem Garten parkte.

Das Armaturenbrett mit der für die sehr frühen Modelle typischen Anordnung der Instrumente. Die große Mittelöffnung könnte auf Wunsch sogar ein Radio beherbergen. Die originale Lenksäule blieb erhalten.

Das Coupé mit der Fahrgestellnummer 5006 muss nach umfangreichen Recherchen im Mai 1950, nur wenige Wochen nach dem ersten Stuttgarter Musterwagen, entstanden sein, der bei der ersten Präsentation bei Patriarch Ferdinand Porsche noch durchfiel.

Der Zuschnitt des Blechs wird durch eine solche Schablone erheblich erleichtert. Sie wird mit Tape verstärkt, um die Oberfläche möglichst stabil abzubilden.

Spengler Jürgen Burke beim Anfertigen einer Papierschablone, mit der sich die dreidimensionale Form des Bleches gut übertragen lässt.

Mit dem sogenannten Kugelhammer werden die ausgeschnittenen Bleche vorgeformt. Es wurde Wert darauf gelegt, alle Ersatzteile von Hand zu bearbeiten und zeitgenössische Maschinen dafür zu verwenden.

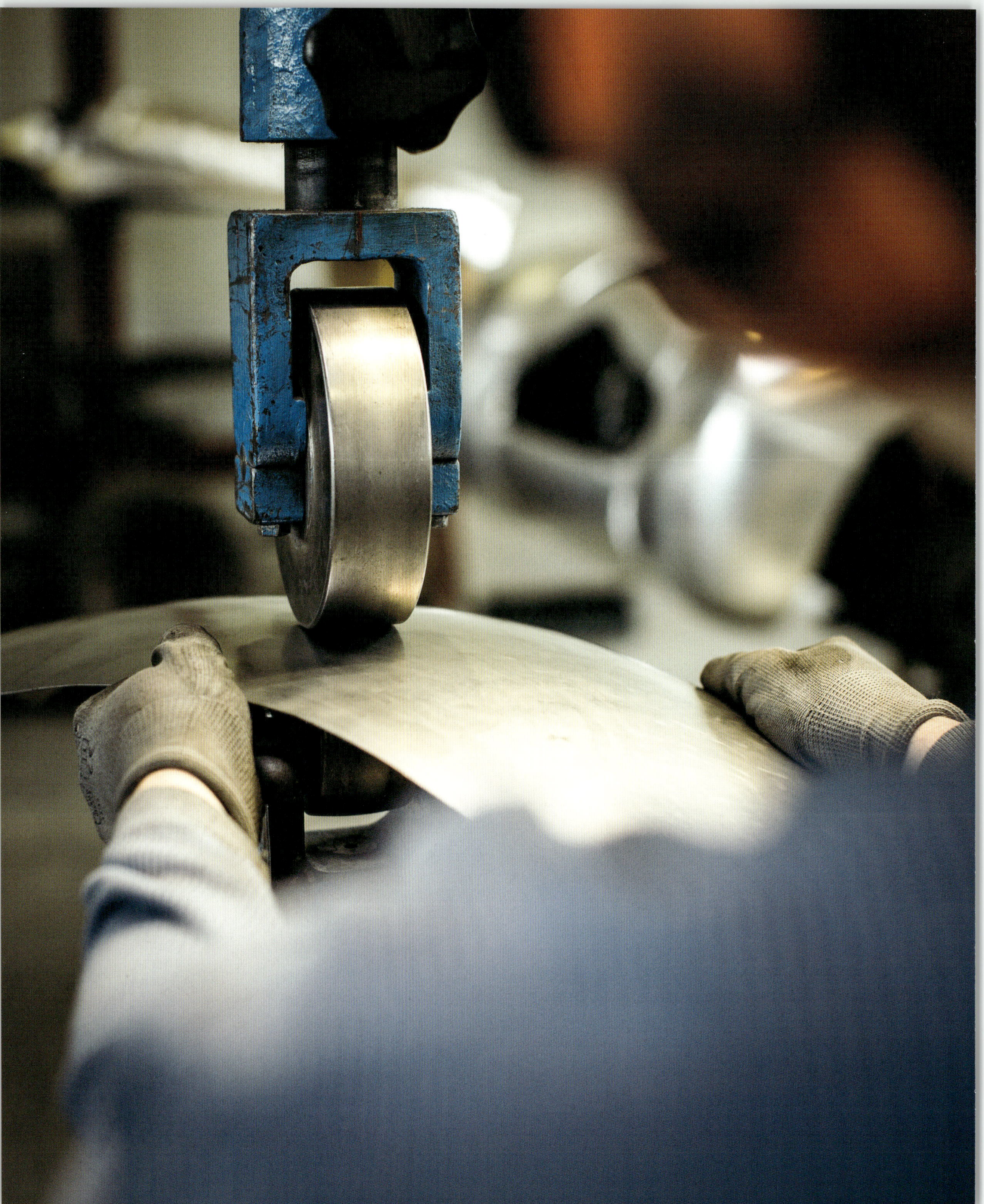

Die penible Bestandsaufnahme der gesamten Konstruktion war vor allem deshalb unerlässlich, weil bei der Fertigung der ersten 356-Modelle des Jahres 1950 in Stuttgart noch wenige Serienteile vorhanden waren. Die meisten Blechteile wurden wurden damals von Hand hergestellt, mit unvermeidlichen Abweichungen bei den ersten Exemplaren.

Wölbungen werden mit dem sogenannten englischen Rad hergestellt. Die untere Aufnahme besitzt einen kugelförmigen Kopf, die Rolle oben hat eine flache Lauffläche. Damit wird das Material »gestreckt«, von flach auf rund umgeformt.

Methode und Werkzeuge gleichen dem Fertigungsprozess zu Beginn der 1950er-Jahre im Stuttgarter Karosseriewerk Reutter, in dem 5006 einst entstand. Allerdings hatten die Karosseriebauer damals zusätzlich ein hölzernes Spantenmodell im Maßstab 1:1, um die Form von Teilen wie Dach, Kotflügel und Hauben zu überprüfen.

Feinarbeit mit dem Bleihammer über einem mit Sand gefüllten Ledersack. Auch die erhaltenen Originalteile werden von Hand wieder neu aufgearbeitet. Es ist die Haute Couture der Blechbearbeitung.

Schweißen wie damals. Mit dem Umzug von Gmünd nach Stuttgart wurden die 356-Karosserien nicht mehr aus Aluminium, sondern aus Stahlblech gefertigt, was die Bearbeitung erheblich erleichterte.

Blick auf den Vorderwagen auf der Richtbank. Die Aufnahmen für die Vorderachse sind fixiert; man erkennt den originalen Kofferraumboden sowie die ebenfalls erhaltenen A-Säulen.

Der Vorderwagen auf der rechten Seite. Ausgehend von diesem Zustand beginnt die Restaurierung von Chassis und Karosserie.

Das Türblatt war auch im Original eine Handanfertigung.
Bei den frühen 356-Exemplaren gleicht keine Tür der anderen.

Das »Innenleben« der Karosserie, bevor die Außenhülle aufgesetzt wird. Das Foto offenbart die relativ komplizierte Konstruktion des 356 mit ihren innenliegenden Schwellern.

Detailstudie der Aufnahme für den Türgriff. Man erkennt einen kleinen Unterschied des Fahrzeugs von 1950 zu den früheren Gmünd-Modellen: Diese besaßen kein verriegelbares Türschloss. Mit den Schweißpunkten wird eine Verstärkung auf der Innenseite befestigt.

In Kleinarbeit entsteht so die Karosseriehülle, gut zu erkennen sind die einzelnen Blechteile, aus denen das Wechselspiel der Formen zusammengefügt ist.

Die dünnen Bleche fachmännisch zusammenzuschweißen, gehört zur hohen Kunst des Karosseriebaus.

Maßarbeit mit Brenner und Zinn für perfekte Übergänge der verschweißten Bleche. Die Kunst ist auch hier, das Material so sparsam wie möglich aufzutragen.

Das Zinn schmilzt bei etwa 230 Grad Celsius, wird dann gleichmäßig auf die Nähte aufgetragen und danach geglättet, um eine nahtlose Oberfläche zu schaffen.

Nach dem Erkalten des Zinns werden eventuelle Unebenheiten mit einer Karosseriefeile abgeschliffen, um eine perfekte Oberfläche zu erzielen.

Die vorderen Kotflügelenden wurden aus den Originalteilen wieder aufgearbeitet.

Der Karosseriebauer leistet hier Präzisionsarbeit. Der Arbeitsaufwand, um Flächen und Übergänge zu glätten, ist enorm: Allein in die Arbeit mit dem Zinnhobel flossen unzählige Stunden.

Die besondere Kunst ist es, zwei in Maßen und Formen identische, aber gespiegelte Kotflügel zu schaffen.

Mit dem englischen Rad entsteht auch hier die perfekte Form.

Die aufgearbeitete und in Teilen ergänzte Frontbrille wird angepasst.

Mit speziellen Nieten werden die einzelnen Bestandteile der Frontbrille zusammengehalten und in die richtige Form gebracht – Millimeterarbeit in drei Dimensionen.

Auch beim Anpassen ist »Trial and Error« gefordert, bis alles passt – und viel Geduld.

Die Haubenöffnung ist ein besonders sensibler Bereich. Wenn die Spaltmaße hier später nicht gleichmäßig verlaufen, stört das den Gesamteindruck erheblich.

Noch einmal bessert Jürgen Burke mit dem Karosseriehammer nach, bis die Passform 100-prozentig stimmt.

Die Frontbrille des 356 ist ein weiterer Beleg für die Komplexität der Karosserieformen bei diesem Modell. Die eng an der Nase anliegende Aufnahme für den Stoßfänger unterscheidet die ersten Stuttgarter Exemplare von späteren Modellen.

Keine Kompromisse. Bei der Restaurierung wird Wert auf jedes Detail gelegt. Auch bei der Innenausstattung. Um Material und Beschaffenheit der verschwundenen Sitzbezüge zu ermitteln, ist fast archäologische Kleinarbeit gefragt. Als unschätzbar wertvoll erweist sich eine noch erhaltene originale Musterkarte.

Die Reproduktion des originalen Stoffes erfolgt mit traditionellen Methoden in einer Weberei in Halle.

Vorbild: Anhand dieser Kopie der Reutter-Musterkarte ließ sich die Struktur des Originals rekonstruieren.

Zusammenspiel: Alles passt perfekt, auch in den später nicht sichtbaren Bereichen.

Sattlermeister Marcus Raeke aus Hessisch-Oldendorf befestigt nach dem Teppicheinbau die Sitzschienen.

Im Fond ging es bei Porsche schon immer eng zu. Sitzpolster für die Rückbank wie in den späteren 356 gibt es in 5006 noch nicht. Einzelsitze gab es erst sehr viel später.

Die Türverkleidungen sind bei den ganz frühen 356 noch mit Stoff bezogen – inklusive Türgriff.

Die Sitzpolster waren ebenso vollständig zerfallen wie alle anderen nicht-metallischen Bauteile. Die Nachfertigung besteht wie damals aus Rosshaar.

Getreu dem originalen Vorbild werden Kissen und Lehnen sorgfältig abgenäht, um die ursprüngliche Form zu erhalten.

Guter Stoff: Das fertig bezogene Sitzkissen ist bereit für den Einbau.

Ruhige Hand: Mit viel Fingerspitzengefühl wird die Zierlinie, die ein besonderes Merkmal der frühen Fahrzeuge ist, auf die Felgen gemalt.

Letztes Finish: Der Lack in marsrot glänzt wieder wie am ersten Tag.

beim '71
ADAC

Kostbarkeit: Die Reutter-Farbmusterkarte des Jahres 1950.

Abstimmung: Letzte Arbeiten am Motor. Nach einem knappen Jahrzehnt neigt sich die Restaurierung ihrem Ende zu.

beim
ADAC
1000 km RENNEN

»EINE SENSATION UND EIN SELTENER GLÜCKSFALL«

Thomas König und Oliver Schmidt über ihre Arbeit, ihr Museum und über den Fund ihres Lebens

Das Wort Museum beschreibt für Thomas König, 53, und Oliver Schmidt, 50, die Idee hinter ihrem Lebenswerk nur unzureichend. Sie sprechen lieber von einer »Begegnungsstätte von Enthusiasten für Enthusiasten«. Tatsächlich ist das Automuseum PROTOTYP in Hamburg ein einzigartiger Ort. Das restaurierte Backsteingebäude, in dem es untergebracht ist, liegt zwischen den Glaspalästen der HafenCity und den Kontorhäusern der historischen Speicherstadt – an einem Punkt also, wo sich Vergangenheit und Zukunft begegnen. Es ist ein lebhafter Ort, auch wenn er sich mit der Historie beschäftigt. Autos sind hier nicht einfach tote Gegenstände, sie sind »Technikdenkmäler, Sammlerstücke, Kunstwerke, Ikonen, Lustobjekte und Geschichtenerzähler«, wie die PROTOTYP-Gründer sagen. Und die besten Geschichten schreibt das Leben bekanntlich selbst. Die Entdeckung der Nummer 5006 gehört dazu.

Schatzsucher: Oliver Schmidt (l.) und Thomas König (r.) mit der Ahnenreihe von 5006 in ihrem Museum in der Hamburger HafenCity.

Wann haben Sie das Automuseum PROTOTYP gegründet, und was war der Antrieb?

TK: Als Oliver und ich das Automuseum PROTOTYP im Jahr 2008 gründeten, basierte die Idee auf meiner Diplomarbeit als Architekt, die ich »Projekt Prototyp« getauft hatte. Es ging um ein Automobilmuseum, das interessanterweise in einem historischen Gebäude in Hamburg liegen sollte, was ja jetzt auch der Fall ist. Darin habe ich dann mein Fantasiemuseum eingerichtet. Damals hatte mir Oliver beim Modellbau und anderen Dingen geholfen, und wir beide hatten unglaublich viel Spaß dabei. Inzwischen konnten wir unseren Traum realisieren.

OS: Leidenschaft ist immer ein großer Antrieb. In unserem Fall ist es echte Leidenschaft und Liebe zum Automobil, zu Formen, Geräuschen, Gerüchen – zu allem, was man noch mit einem klassischen Automobil verbindet. Das alles wollten wir mit anderen teilen.

TK: Schon während meines Studiums hatten wir gemeinsam unseren ersten Porsche gekauft, und wir hatten damals schon unsere gemeinsame Immobiliengesellschaft gegründet, die wir von meinem Vater übernommen hatten. So konnten wir alle unsere Interessen verbinden: Immobilienentwicklung, Architektur und natürlich die große Leidenschaft, das Automobil und ganz besonders die Marke Porsche.

Was ist die Idee, der Spirit hinter dem Automuseum PROTOTYP?

TK: Als wir das Museum erfunden haben, gab es nur einige wenige private Museen, und die waren meist in großen Lagerhallen untergebracht. Die Autos wirkten oft nur wie abgestellt. Für uns fehlte immer etwas Wesentliches, nämlich die passende Umgebung, um nicht nur das Auto an sich, sondern auch die Geschichte und die Geschichten dahinter zu präsentieren. Das wollten wir ändern, deshalb nannten wir uns »PROTOTYP«. Als Prototyp eines neuen Automobilmuseums. Wir wollen nicht nur Autos ausstellen, wir wollen sie ästhetisch wertvoll ausstellen, eher wie eine Kunstgalerie oder ein Kunstmuseum.

OS: Wir empfinden es als unseren Auftrag, die Entwicklungsgeschichte zu zeigen, aber auch das ungeheure Vermögen der Menschen damals, was ästhetische Gestaltung, technische Entwicklung und Innovationen betrifft. Ohne diese Menschen hätte es die Autos und die Dinge, die dazugehören, nicht gegeben.

TK: Wir konnten uns damals nicht wahllos Autos kaufen, sondern meistens studierten wir zuerst die Geschichten hinter den Autos, die uns interessierten. So lernten wir beispielsweise im Fall des Petermax-Wagens, der für Porsche Weltrekorde einfuhr, zuerst die Witwe von Petermax Müller kennen und erfuhren erst später, dass das Auto noch existierte. Bevor wir es dann schließlich erwerben konnten, hatten wir schon jahrelang über das Auto und die Geschichte des Rennfahrers geforscht und konnten dadurch viel über die Menschen dahinter erzählen. Das ist bis heute das Wichtigste für uns.

Für Sie sind Autos Geschichtenerzähler, und sie stehen für bestimmte Epochen, aber natürlich auch für die Menschen, die damit zu tun haben.

TK: Automobile sind Stellvertreter ihrer Zeit, und uns interessiert besonders die direkte Nachkriegszeit, in der auch die Marke Porsche entstanden ist. Was damals, als viele Menschen ums nackte Überleben kämpfen mussten, entstanden ist, und wie das entstanden ist, finde ich beeindruckend. Der Traum vom Automobil lebte selbst in diesen entbehrungsreichen Zeiten weiter.

OS: Die Autos, die wir hier zeigen, für die wir leidenschaftlich brennen und sogar Liebe empfinden, sind deutlich mehr als Transportvehikel. Sie wären nie entstanden, wenn nicht so viele Menschen ihre ganze Leidenschaft hineingelegt hätten.

356 VIP – Very Important Porsches: In dieser Sonderausstellung 2015/2016 wurde 5006 erstmals im Automuseum PROTOTYP präsentiert

Die Karosserie ist nur grundiert, noch fehlt der charakteristische Lack, ebenso wie die Scheiben.

Durchblick: Instrumente und »Banjo«-Lenkrad sind schon an ihrem Platz.

Welche Rolle spielen Ferdinand Porsche und seine Konstruktionen bei dieser Sammlung oder bei der Arbeit?
OS: Porsche ist für uns entscheidend wichtig, er war eben ein genialer Konstrukteur. Er hat in vielen Lebenslagen Herausforderungen gesehen, die er lösen wollte, war mit seinem Team seiner Zeit deutlich voraus.

TK: Jeder Sammler hat seinen Schwerpunkt, und für Oliver und mich war das immer Porsche. Ferdinand Porsche, der alte Professor, ist für uns eine ganz wichtige Persönlichkeit – vielleicht sogar die wichtigste – in der Automobilgeschichte, weil er früh mit sehr innovativen Ideen und Konstruktionen begonnen hat. Das waren nicht nur die Sportwagen, sondern das waren auch Produkte fürs Volk, wie der Volkswagen, der Volkstraktor oder auch der Volksschlepper. Wegweisend waren auch seine ersten Rennwagen, später die großen Grand-Prix-Wagen und letzten Endes natürlich die Sportwagen.

Man spürt auf Schritt und Tritt die Bewunderung für Ferdinand Porsche im Museum.
TK: Absolut. Er ist die bestimmende Größe. Ich bin spaßeshalber durchs Museum gegangen und habe festgestellt, dass bei rund 95 Prozent der Exponate zumindest irgendwo ein Stück Porsche-Konstruktion enthalten ist, sei es ein ganzes Getriebe oder auch nur der Teil einer Vorderachse. Das ist erstaunlich, denn wir haben ja auch eine einige wenige Fremdprodukte, weil wir insbesondere mit der Nachkriegs-Renngeschichte ein bisschen über den Tellerrand hinausschauen wollen. Aber selbst in diesen Autos findet sich fast immer ein Stück Porsche.

Auf welchen Fahrzeugen liegen aber Ihre besonderen Interessen? Gibt es eine spezielle Kategorie, eine spezielle Zeit oder ein spezielles Modell?
OS: Es gibt immer zwei Seelen in meiner Brust: Zum einen gibt es die ästhetische Komponente, zum anderen die fahrerisch erlebbare. Wenn man das herunterbricht auf Situationen, an die ich mich erinnere, dann ist das zum Beispiel die Nürburgring-Nordschleife in unserem Porsche 718/2 Formel 1 oder im »Fetzenflieger« von Otto Mathé auf historischem Grund beim GP Ice Race. Das sind fantastische Erlebnisse.

Ästhetisch ist die Porsche-typische Formgebung einfach überragend – angefangen vom stromlinienförmigen Berlin-Rom-Wagen (Typ 64, Red.) bis hin zum 911.

Der Fokus richtet sich offensichtlich auf Einzelstücke oder jedenfalls auf sehr seltene Autos.
OS: Ja, die intensive Forschung ist das Ergebnis unserer Leidenschaft und unseres Antriebs. Wir haben damit in einer Zeit begonnen, in der es das Internet in der heutigen Form nicht gab. Wir haben noch klassisch die Kleinanzeigen in den Magazinen nach interessanten Anzeigen durchforstet. Damals beschäftigten wir uns schwerpunktmäßig mit den 1950er-Jahren, die uns als ungeheuer spannende Zeit erschienen. Und unter diesen – im Vergleich zu heute – erschwerten Bedingungen ist es deutlich spannender, ein Einzelstück oder sogar einen echten Prototyp zu finden, als sich bei einem Oldtimerhändler einfach ein Auto auszusuchen.

Gibt es für Sie ein persönliches Highlight in der Sammlung?
OS: Ich zögere ein bisschen, weil wir hier so viele unterschiedliche Fahrzeuge haben. Natürlich ist der Berlin-Rom-Wagen, der Urahn aller modernen Porsche, ein herausragendes Exemplar, aber dann folgen schon die nächsten Schritte wie der Sportwagen aus Gmünd Ende der 1940er-Jahre, und später die allerersten Anfänge in den 1950er-Jahren. Deshalb freuen wir uns ganz besonders,

dass wir jetzt mit der Nummer 5006 diese Zeit abrunden können.

TK: In der Sammlung habe ich meine persönliche Top 3. Das ist momentan an Platz 3 der VW 39, der Privatwagen vom alten Professor Porsche, den sein Sohn Ferry mit einer Zweivergaseranlage »getunt« hatte. An diesem Wagen kann man im Kleinen die Geschichte ablesen, die sich später im Großen entwickelte. Dann ist auch für mich der Berlin-Rom-Wagen ein Highlight. Wir mussten ihn aus den vorhandenen Originalteilen neu wieder aufbauen. Das war eine Art riesengroßes Puzzle, denn er besteht aus so vielen Einzelteilen, die wir teilweise aus dem Nachlass von Otto Mathé hatten, die wir teilweise aber erst erstellen mussten. Das hat großen Spaß gemacht, und ich denke, ich bin bei keinem anderen Auto so in die Tiefe gestiegen wie beim Berlin-Rom-Wagen. Und ja, bislang war dann noch unser Gmünd-Coupé in meiner Favoritenliste. Und jetzt haben wir den 5006 als direkten Nachfolger dieser frühen Porsche aus Gmünd.

Womit wir wieder bei der Nummer 5006 wären. Ein bisschen müssen Sie sich jetzt wie Indiana Jones vorkommen. Über Jahrzehnte sucht man weltweit nach den Schätzen und schließlich entdeckt man ihn kaum 100 Kilometer entfernt versunken in einem Garten.
TK: Ich komme mir selbst noch immer komisch vor, diese Geschichte zu erzählen, weil das Auto praktisch vor unserer Haustür lag. Noch heute erinnere ich mich an jede Einzelheit, wie wir zum ersten Mal diesen Garten betraten. Er war praktisch nicht mehr zugänglich. Man konnte das Auto nur noch unter großen Mühen wegbewegen. Was wohl auch der Grund war, warum es überhaupt noch da war.

Nach der glücklichen Bergung ging die Recherche weiter. Was waren Ihre wichtigsten Erkenntnisse?

TK: Nachdem wir den Wagen gekauft hatten, erschienen im Internet die ersten Stories über den Fund. In einer dieser Geschichten tauchte ein Bild aus den 1970er-Jahren auf, das genau unsere Nummer 5006 huckepack auf einem LKW auf der Autobahn zeigt. Das passte zu dem, was uns der Verkäufer erzählte: Denn er hat den Wagen Anfang der 1970er-Jahre ja selbst auf einem Schrottplatz gefunden, wo er abgewrackt werden sollte. Auf diesem Foto war zu erkennen, dass es sich wirklich um unser Auto handelte, denn vorne aus der Frontmaske war ein Stück herausgeschnitten worden. Ein untrügliches Kennzeichen, ebenso wie die merkwürdige Konfiguration von unterschiedlichen Felgen, die unverändert war, als wir den Wagen kauften. Das war für uns eine schöne Bestätigung.

Also ist Nummer 5006 mindestens zweimal gerettet worden?
TK: Genau, und zwar zweimal vom Schrottplatz. In den 1970er-Jahren waren diese Schrottplatzfunde nichts Außergewöhnliches. Der 911 war schon etabliert und aktuell, sehr viele 356 landeten auf dem Schrottplatz. Auch als die ersten Porsche 356-Clubs Mitte der 1970er-Jahre gegründet wurden, war das ein absolut unbeliebtes Auto. Es war nichts wert. Ich weiß das von den früheren Club-Präsidenten, die mir erzählten, dass sie ihre Schätze damals für 500 Mark kaufen konnten, und teilweise noch nicht einmal im schlechten Zustand. Heute kosten sie bis zu einer Million. Das ist kaum vorstellbar, aber so war es. Und auf einem solchen Schrottplatz hat der Vorbesitzer die Nummer 5006 vor dem Ausschlachten bewahrt. Man hatte schon ein Stück aus der Frontmaske herausgeschnitten, insofern war das Auto vermutlich schon zum Teileträger degradiert worden.

Gab es bei der Recherche der Fahrzeughistorie Unterstützung und Hilfe von außen?
TK: Wir haben von Anfang an die volle Unterstützung des Porsche Museums und des Historischen

Archivs in Zuffenhausen gehabt. Insbesondere Frank Jung als Kenner der frühen Reutter-Historie unterstützte uns mit Rat und Tat bei den Recherchen und gewährte uns dann als Leiter des Unternehmensarchivs Zugang zu Unterlagen, mit denen wir das Fahrzeug eindeutig identifizieren konnten.

OS: Wir arbeiten eng mit dem Porsche Museum zusammen, mit dem wir partnerschaftlich verbunden sind. Wir tauschen uns intensiv aus, unterstützen uns gegenseitig. Das ist sehr bereichernd. Das ist ein Prozess, der uns immer wieder viel Freude bereitet.

Was haben diese gemeinsamen Recherchen im Detail ergeben?

TK: Es ist nicht nur das älteste bekannte Porsche-Coupé aus Stuttgart, es war zudem noch ein Vorführwagen der Firma Reutter für Porsche, der auf den ersten Automobilmessen nach dem Krieg unterwegs war. Deshalb weist der Wagen einige individuelle Besonderheiten auf, wie etwa die sehr exotische Lackierung in Marsrotmetallic, die damals absolut ungewöhnlich war.

Das ließ sich sogar belegen. Die Lackierung haben wir beim Auto zum Glück unter einem Blech wiedergefunden. Das war unser erstes Indiz, als wir begannen, das Auto genauer zu inspizieren – wohlgemerkt erst nach dem Kauf und der Bergung. Es gibt spezielle Bleche bei dem Fahrzeug, wie zum Beispiel das Getriebe-Halteblech, die von außen nicht zugänglich sind. Dort fanden sich trotz der Lagerung im Garten dann noch Reste dieser roten Lackierung.

OS: Bis dahin wussten wir ja nicht, welche Farbe der Wagen ursprünglich hatte. Dieses Rotmetallic erschien uns sehr ungewöhnlich für diesen Jahrgang und für dieses Auto. Als Frank Jung uns dann ein Foto von der Ausstellung in Reutlingen 1950 zeigte, auf dem ein Auto genau in dieser Farbe zu sehen war, brachte uns das den entscheidenden Schritt weiter. Anhand dieser Farbe haben wir uns die ersten zehn Fahrgestellnummern vorgenommen, beginnend mit der 5001, und kamen so langsam der Sache näher. Einige Autos konnten wir komplett ausschließen, weil sie Cabrios waren, bei anderen war eine abweichende Farbe vermerkt, und einige waren bereits verschrottet worden. So konnten wir zum Glück dieses Auto als das Reutter-Vorführauto mit der speziellen Farbe eindeutig identifizieren.

TK: Ganz am Anfang in Zuffenhausen, bei den allerersten fünf, sechs oder zehn Autos, geht es ein bisschen drunter und drüber. Die Fahrgestellnummer 5001 ist nicht der Beleg dafür, dass dieses Auto als erstes gebaut wurde. Das war auch schon in der Zeit in Gmünd so. Auch da sind Fahrgestell- und Motornummern ein wenig querbeet vergeben worden. Als später im Jahr 1950 die ersten Autos an die Händler ausgeliefert wurden, ist das sicherlich professionalisiert worden.

Was weiß man über die weitere Geschichte von 5006?

TK: Erst ist das Auto für Reutter über mehrere Messen gegangen, von zweien wissen wir definitiv. Es ist zuerst in Reutlingen ausgestellt worden, dann in Berlin, dort interessanterweise neben einem Gmünd Cabriolet, das allerdings als neues Cabriolet präsentiert wurde, als es das in Stahl gefertigte Cabrio aus Stuttgarter Produktion noch gar nicht gab. Deshalb hat Porsche wohl ein bisschen geschummelt und sich eines älteren Wagens bedient.

Einige weitere Informationen konnten wir dem Kardex entnehmen. Diese Karteikarte gibt es für Porsche-Fahrzeuge von Anfang an, auch für die allerersten. Darin ist im Idealfall die Entstehungsgeschichte des Fahrzeugs bis zu dem Zeitpunkt vermerkt, an dem die Porsche-Gewährleistung ausläuft. Der erste Eintrag bei unserem Wagen ist die Auslieferung im September 1950 an einen Privatmann nach Berneck in

Baden-Württemberg. Die nächste Spur auf dem Kardex stammt von 1956. Da ist das Auto bereits im Raum Bremen, denn die Porsche-Vertretung Schmidt+Koch – die nebenbei gesagt heute noch existiert – betreute dieses Auto und tauschte laut Kardex 1956 den Originalmotor gegen einen größeren Motor. Der Wagen mag im Raum Bremen noch einige andere Besitzer gehabt haben, aber von denen wissen wir leider nichts.

OS: Das war eigentlich das Schöne an der ganzen Geschichte. Wir mussten auch schon bedeutend weitere Reisen antreten, um Informationen oder Bilder auch nur zu sehen. Nach dem Motortausch im Jahr 1956 verliert sich die Spur und endet auf dem privaten Schrottplatz, von dem wir das Auto schließlich abgeholt haben. Da gibt es ein Riesendelta dazwischen, aber die Geschichte lässt sich wohl nicht mehr aufklären.

Welche Bedeutung hat das besondere Exemplar für die Sammlung, für Ihre Arbeit?

TK: Dieses Auto ist eine Sensation und ein seltener Glücksfall in jeglicher Hinsicht, eben weil es das älteste weltweit bekannte Coupé aus Stuttgart ist. Und es ist nun mal unser Anspruch, auf unserer begrenzten Ausstellungsfläche nur ganz besondere, möglichst seltene Exponate zu zeigen. Die Nummer 5006 ist das bislang fehlende Bindeglied in der ganzen Kette der Geschichte, die wir erzählen wollen. Sie beginnt mit der Porsche-Frühzeit mit dem VW 39, dem Prototyp, aus dem viel Evolutionsarbeit in den 356 geflossen ist, den ersten Porsche. Nach dem VW 39 kommt der Berlin-Rom-Wagen, den wir auch komplett restauriert haben, dann das Gmünd-Coupé mit der Chassisnummer 21, eines von nur 52 gebauten Autos. Und nun quasi der Höhepunkt mit diesem ersten Serienprodukt, das ja in Wahrheit eher noch einer Vorserie mit viel Handarbeit entstammt. Damit können wir eine Kette von historisch bedeutenden Fahrzeugen der Firma Porsche präsentieren.

Es sieht wirklich sehr gut aus, mit dieser Farbe.

TK: Die Farbe gefällt mir natürlich am besten. Wir hatten vorher schon einen sehr frühen 356, die Nummer 5047. Der Wagen war schwarz, was natürlich auch eine sehr kleidsame Farbe für einen frühen Porsche ist. Aber gerade diese Farbe, dieses Rotmetallic, macht das Auto so besonders. Wir standen kürzlich vor einem 993 Turbo in einem Rotmetallic, das nahezu identisch aussah. Insofern sind wir wohl nicht die Ersten in der Porsche-Historie, die sich für diese seltene Farbe begeistern konnten. Gerade heute ist es ja sehr angesagt, ein aktuelles Auto in einer »Paint-to-Sample«-Farbe zu lackieren, und da ist es natürlich etwas ganz Besonderes, einen frühen Porsche in einer absolut ungewöhnlichen Farbe zeigen zu können. Die zudem noch absolut authentisch ist.

OS: Es ist auf jeden Fall ein Meilenstein. Wir zeigen den Berlin-Rom-Wagen, wir zeigen ein Gmünd-Coupé. Und jetzt die Nummer 5006 als ältesten erhaltenen deutschen Serien-Porsche. Damit fing es an, das war der Anbeginn eines großen neuen Abschnitts. Insofern ist er ein wichtiger Mosaikstein in der Geschichte, die wir erzählen. Das Gute liegt so nahe, heißt es ja manchmal. Ein Auto kommt nach Norddeutschland und bleibt jetzt in Norddeutschland.

DER FERTIGE WAGEN

Da steht er nun, ein knappes Dreivierteljahrhundert, nachdem er zum ersten Mal die Hallen von Porsche und Reutter verlassen und den Weg zur Messe im nahegelegenen Reutlingen angetreten hatte.

Dort glänzte er in seinem schillernden Rotmetallic auf dem Stand des Autohauses Max Moritz und war ganz zweifelsohne der Publikumsmagnet auf einer der ersten Automobilausstellungen der Nachkriegszeit. »Die Porsche-Sport-Limousine bildete den Blickfang des VW-Standes«, urteilte die Fachzeitschrift *Das Auto* in der Nachlese zur Messe.

Detailgetreu: Auch die Schilder für den Ausstellungsstand auf der Reutlinger Messe 1950 wurden reproduziert.

Mit der Erwähnung des VW-Stands war auch ein Hinweis auf die Herkunft des Blickfangs gegeben. Die Sportwagen, die erst seit kurzem den Namen »Porsche« trugen, konnten und wollten ihre Wurzeln nicht verbergen. Der Aufstieg der kleinen Sportwagenmanufaktur Porsche war in jenen Jahren eng mit der Erfolgsgeschichte des Volkswagens verbunden. Und deshalb ist es nur folgerichtig, dass sich der neue Star im Hamburger Automuseum PROTOTYP zu seinen älteren Geschwistern gesellt. Jetzt glänzt er in seinem unverwechselbaren Rotmetallic und den schicken Veith-Reifen mit ihrem weißen Schriftzug inmitten des noch bei Porsche und Reutter gebauten Vorserien-Volkswagens VW39 von 1939, des wiederaufgebauten VW Typ 60 K10/Porsche Typs 64 »Berlin-Rom-Wagen« Nr. 2 von 1939 sowie des Porsche 356/2-021 Gmünd-Coupés von 1949.

Als »unbeschreibliches Glück« bezeichnen es die Museumsgründer Thomas König und Oliver Schmidt in diesem Buch, dass sie 5006 überhaupt finden, seine Geschichte bewahren und damit das noch fehlende Bindeglied zwischen Gmünd und Stuttgart-Zuffenhausen in der frühen Porsche-Historie einer breiten Öffentlichkeit zugänglich machen konnten. Nummer 5006 steht für Porsches Weg von der Manufaktur, in der die Karosserien von Hand geformt und an einem Holzklopfmodell geprüft wurden, zu einer anfangs noch sehr bescheidenen Serienproduktion. Auch bei Reutter gab es zu Beginn ein neu angefertigtes Holzklopfmodell des in Stuttgart überarbeiteten 356. Aber das diente nach den ersten gefertigten Exemplaren ebenfalls als Vorbild für die passgenaue Anfertigung der Presswerkzeuge, die nun anstelle der Handwerkskünstler die Karosserieteile formten. Thomas König spricht deshalb von 5006 als dem »ersten Serienprodukt, das ja in Wahrheit eher noch einer Vorserie mit viel Handarbeit entstammt.« In Zuffenhausen kam stabiles Stahlblech zum Einsatz anstelle des weichen und in der Verarbeitung launischen, wenngleich deutlich leichteren Aluminiums in Gmünd. 5006 steht genau für diese kurze Phase, als die Serienproduktion anlief und damit die einzigartige Erfolgsgeschichte des Porsche 356 begann.

Doch in die Freude über den Jahrhundertfund mischt sich bei den PROTOTYP-Gründern auch ein bisschen Wehmut. »Der Weg zur kompletten Fertigstellung ist bei einem solchen Projekt eigentlich der spannendste. Danach werden die Gefühle etwas ambivalent«, gesteht Oliver Schmidt. »Wir freuen uns unglaublich über das Ergebnis, aber trauen wir uns überhaupt, mit diesem Auto zu fahren? Oder ist die Angst zu groß, dass etwas passieren könnte, und wir diesen einmaligen Schatz beschädigen?«

Das wird die Zeit zeigen. Auch die anderen, mit großer Sorgfalt restaurierten Unikate des Automuseums PROTOTYP wie der Berlin-Rom-Wagen oder Otto Mathés Fetzenflieger werden gern – und zuweilen durchaus beherzt – bewegt. Man darf deshalb zuversichtlich sein, dass auch 5006 ein Schicksal als Stehzeug erspart bleibt.

Eine lange Reise geht zu Ende, für 5006 und seine Retter. Zuffenhausen – Reutlingen – Berlin – Berneck im Schwarzwald – Bremen lauten die ersten Stationen, bis sich die Spur für lange Jahre verliert. Was bis 2013 im Detail passierte, lässt sich vermutlich nicht mehr im Detail rekonstruieren. Aber eines steht fest: Der Schatz der Porsche-Historie, der heilige Gral, dem Thomas König und Oliver Schmidt auf der ganzen Welt nachjagten, schlummerte Jahrzehnte lang unentdeckt vor ihrer Haustür.

Die Entdeckung, Rettung und Wiederauferstehung des 356 mit der Fahrgestellnummer 5006 – sie erzählen ein romantisches Märchen der Automobilgeschichte.

Geschützt: Der karierte Schonbezug war seinerzeit eigens für Messepräsentationen gedacht (vgl. Foto Seite 4/5). Jetzt darf auch er nicht fehlen.

Harmonisch: Die hellen Polster und Türverkleidungen aus Wollstoff passen hervorragend zur metallicroten Lackierung.

Luxuriös: Ein Radio wäre als Extra schon erhältlich gewesen, der Handschuhkasten hatte ein Schloss, und ein Aschenbecher war obligatorisch (vgl. Foto S. 120 unten).

Einfach: Geschwindigkeit und Uhrzeit – mehr verrieten die Instrumente nicht. Das Wappen auf dem Hupenknopf fehlt noch – es entstand erst 1952. Stattdessen wurde der Knopf passend zu den Garnierleisten in Nussbaum ausgeführt.

80
100
120
140
12
3
6
9

PORSCHE

Der Schriftzug »Porsche« noch in einzelnen Buchstaben; der 1,1-Liter-Vierzylinder-Boxermotor leistet 40 PS.

Die schwarz-silberne Reutter-Plakette auf der rechten Seite, enganliegende Stoßstangen und die schmalen Rückleuchten sind charakteristisch für die sehr frühen Modelle.

KAROSSERIE
REUTTER
STUTTGART

PORSCHE
AW 21-0459
48

PORSCHE
AW 21-0459

AW 21-0459
48

VEITH

VEITH

Impressum

Bildnachweis
Thorsten Doerk: Umschlag, S. 2, 14, 26/27, 141 – 198, 200 – 209, 217 – 231;
StadtA Rt. S 105/5 Nr. 3809/006 und Nr. 3809/007, beide Foto Dohm: S. 4/5, 25, 137 o.;
S 105/4 II Nr. 1918/14 und Nr. 1918/32, beide Fotograf Carl Näher: S. 127, 132 o.;
Getty Images/Bettmann: S. 6/7; Automuseum PROTOTYP, Hamburg: S. 8/9,
17 – 24, 74 l., 129, 132 u., 133 o., 211; Benjamin Pichelmann/Automuseum PROTOTYP,
Hamburg: S. 10/11, 199; Unternehmensarchiv Dr. Ing. h.c. F. Porsche AG: S. 29 – 41, 42 u.,
45 – 65, 67 – 73, 74 r., 75 – 81, 87 – 96, 98 – 109, 115 – 119, 120 u., 121, 125 o., 128, 131,
137 M.; Familienarchiv Reutter, Stuttgart: S. 42 o., 66, 97, 110 – 113, 120 o., 130, 135, 136;
RECARO Holding GmbH: S. 84/85; Stiftung Domnick, Nürtingen: S. 123, 125 u., 126;
Eduard Winter Gruppe: S. 133 u., 137 u.; Archiv Alexander F. Storz: S. 138/139

Bibliografische Information der Deutschen Nationalbibliothek
Die Deutsche Nationalbibliothek verzeichnet diese Publikation
in der Deutschen Nationalbibliografie; detaillierte bibliografische
Daten sind im Internet über http://dnb.dnb.de abrufbar.

1. Auflage
ISBN 978-3-667-12530-9
© Delius Klasing Verlag GmbH, Bielefeld

Texte: Thomas Ammann, Frank Jung, Thomas König, Oliver Schmidt
Recherche und Mitarbeit: Simon Braker
Lektorat: Hanno Vienken
Einbandgestaltung: design hoch drei, Stuttgart
Layout und Lithografie: Ralf Reiche, Weusthoff & Reiche Design, Hamburg
Gesamtherstellung: Couleurs Print & More, Köln
Printed in Slovenia 2024

Alle Rechte vorbehalten! Ohne ausdrückliche Erlaubnis des Verlages darf das
Werk weder komplett noch teilweise reproduziert, übertragen oder kopiert
werden, wie z. B. manuell oder mithilfe elektronischer und mechanischer
Systeme inklusive Fotokopieren, Bandaufzeichnung und Datenspeicherung.

Delius Klasing Verlag GmbH, Siekerwall 21, D - 33602 Bielefeld
Tel.: 0521/559-0, Fax: 0521/559-115, E-Mail: info@delius-klasing.de
www.delius-klasing.de